水族館飼育員のキッカイな日常

なんかの菌
Nanka no Kin

さくら舎

はじめに

フロンティアスピリット

水族館で職員募集してる
美術史専攻
応募しよう
面接当日
魚に詳しそうな人ばかり…
※当たり前
ビクッ
これは落ちる
水族館に人を呼ぶにはどうしたらいいと思いますか?
そうですね 19世紀ヨーロッパでは女性の間で磯観察が人気に◎#△×
え? そこから?

どっちも想定外

この前の結果が来た
すかしてみる
まあどうせお祈りと思うが……
…………
……マジ……か?
内定だよ
うれしすぎて信用できない
おっ もしやきみが例の文系新人?
えらい人
はっはい よろしくお願いします
マジで? 入社してくれるとは思わんかった
!?

水族館の主役は生きものである。

友人や家族から「水族館に行こう」と言われたら、さらきらした水槽を泳ぐサメやイワシ、イルカといった風景を思い浮かべるだろう。オタクのみなさんなら、もっとニッチな展示生物を思い出してよだれを垂らしているかもしれない。

ともかくも水族館といえば、生きものがいて、彼らやその空間を味わう場所である、と一般に認識されているだろう。学生時代の自分も同様であった。

筆者は大学院の美術史専攻で博物画（動植物などの絵図）を研究しながら、学芸員としての博物館への就職を目指していた。そして捨て身で受けた試験に合格し、とある水族館で働くことになった。ご存じない方もいるかもしれないが、水族館も博物館のひとつなのである。さすがに生物学は専門外ではあったが……。

飼育員、そして社会教育係への異動を経て、n年後のいま。職は辞したが、現在も水族館に少々関わらせていただいている。いまでも「水族館の主役は生きものである」という考えは変わっていない。ただ自分のなかでの「生きもの」の定義に、新しい生物が加わった。それが飼育員である。

「水族館の主役は展示生物や飼育員」といっても、飼育員も展示されるべき、ということでは当然ない。せっかく水族館に来たのなら、水族館での仕事や、働いている人のおもしろさもあわせて楽しんでいただきたい、という意味である。

飼育員は特殊な職業だ。働いているのは、就活の難関をくぐり抜けた面構《つらがま》えの違う者たち。ゆえに職場は個性の乱闘場となる。水族館での勤務は、就職する前では想像できなかったほど、毎日が非日常の連続だった。

ここに記したのは、そのキッカイな日常の記録である。本書が水族館の飼育員（のみならず、職員全体）の実際を知り、水族館をより深く楽しむきっかけとなれば幸いである。

筆者が勤めていた水族館はもう存在しないので、本書は水族館のファンタジーと思って読み進めていただきたい。

目次

水族館飼育員のキッカイな日常

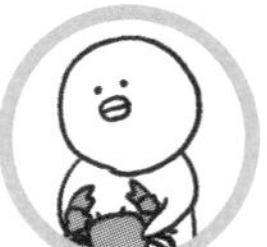

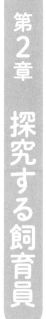

第2章 探究する飼育員

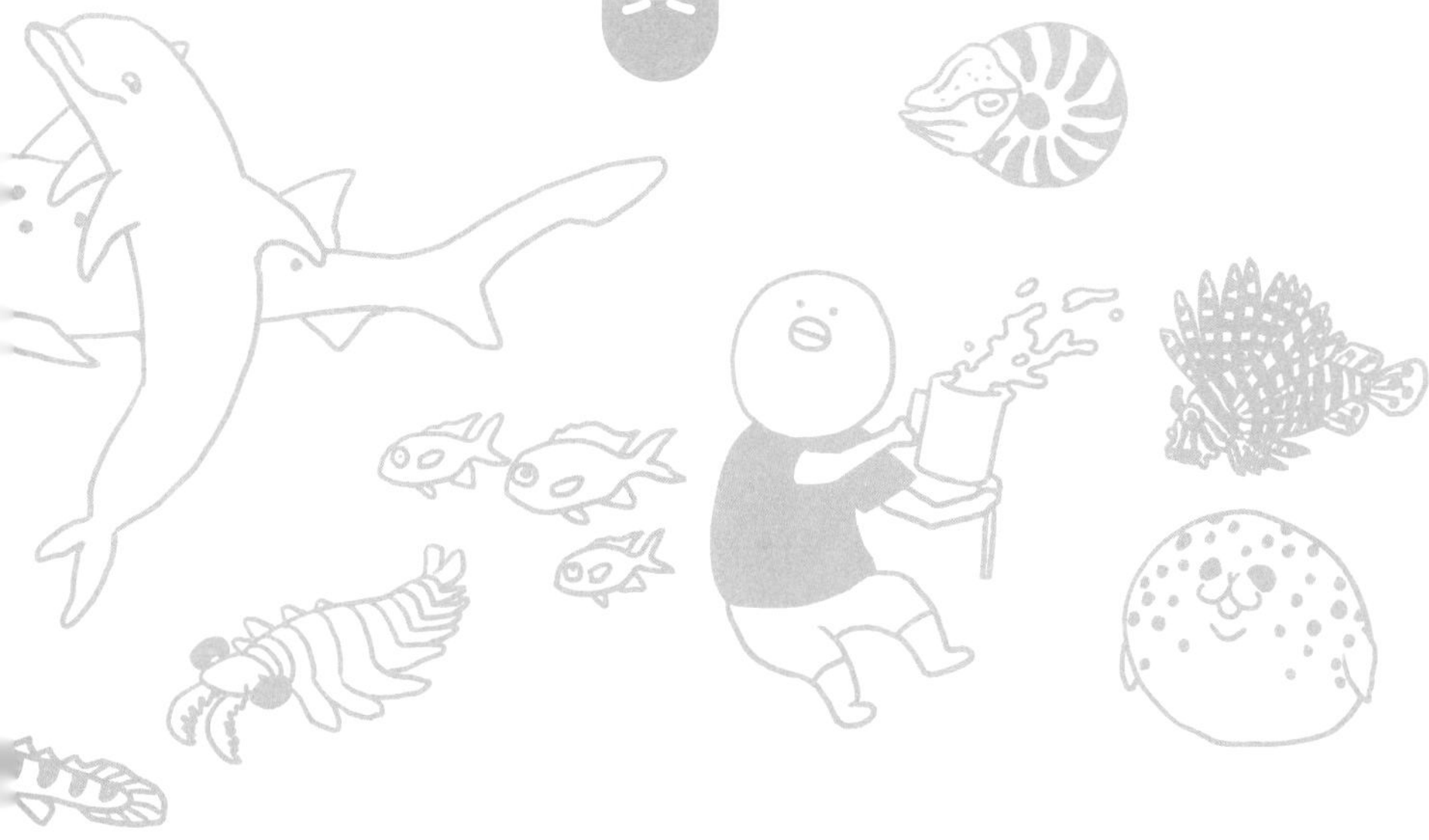

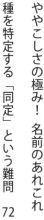

第3章　みなぎる飼育員

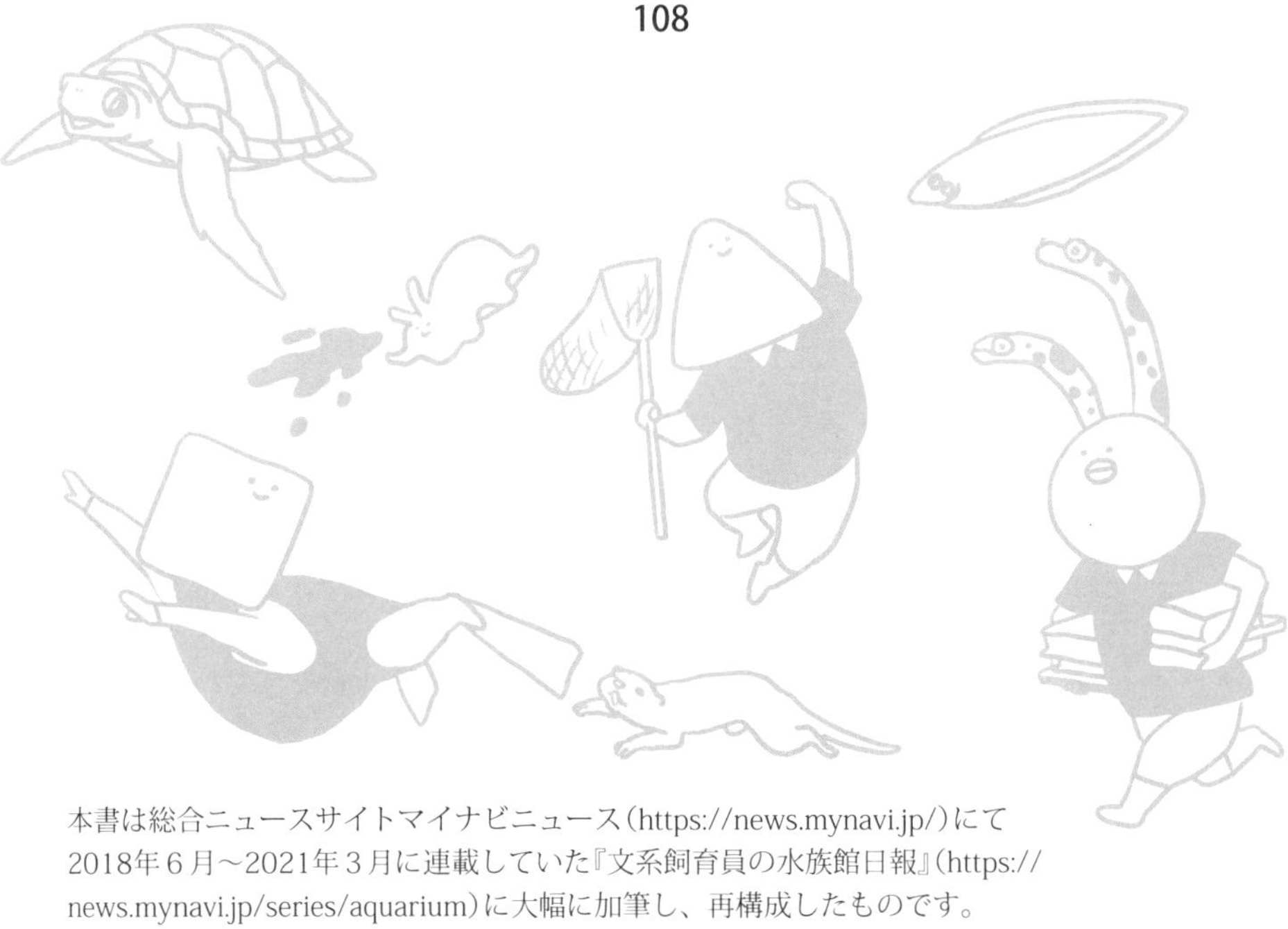

本書は総合ニュースサイトマイナビニュース（https://news.mynavi.jp/）にて2018年６月～2021年３月に連載していた『文系飼育員の水族館日報』（https://news.mynavi.jp/series/aquarium）に大幅に加筆し、再構成したものです。

第1章

世話する飼育員

飼育員の仕事は広い

ないない詐欺《さぎ》

受かったは いいが
どこに配属されるのか
内定だよ
応募要項には書いていなかった
まさか…
飼育員ではあるまいな
研究中
いやいやいやいや
ないないそれはさすがにないないないない
バイト中
ヴヴヴ…
ハイ
あなたの配属先は飼育課海水チームです

▲いやいやいやいやいやいやいやいやいや

飼育だけじゃない員

飼育員のイメージ
1対1の親密なお世話
さて、何の担当になるのかな
ハイこれ担当生物のリストね
ずしっ
多い…
やることは
掃除餌づくり餌やり
水質水槽管理
採集調査研究
論文執筆学会参加
標本制作機関紙執筆
来週は大水槽で潜水訓練だから
25メートル息継ぎなしで泳いで

▲口伝で引き継がれる奥義

自己紹介あるある

へぇー 水族館にお勤めなんですか
昔イルカのトレーナーに憧れてたんですー
…
…
あ…私はイルカの担当ではなく……
海水魚とか…
フジツボの担当です……
あ〜〜〜やっぱり変な空気になってしまった
え…フジ…？
▲誰も悪くない悲劇

「水族館で働いている」と言うと、「お前が？あの花形の？」という顔をされた。多くの人は「水族館で働いている人＝イルカのトレーナー」と連想するようだ。

しかし、水族館にはもちろんイルカトレーナーしかいないわけではない。ほかの生きものの飼育員や、獣医、受付や会計などの事務員、施設の管理員など、いろいろな職員が働いている。

おそらく、そのなかでももっとも仕事のバリエーションが多いのが「飼育員」だ。掃除や餌やりはもちろん、水質や水槽の管理、展示やイベントの企画、調査研究、メディアやお客さんの対応などなど……。生きものに関する専門性とともに、体力やコミュニケーション力なども（かなり）必要とされる。

結果的に水族館飼育員は、バイタリティあふれる、野生人間のような生きものオタクという、一種独特な人種が集まることになる。

水族館は水の世界の博物館！

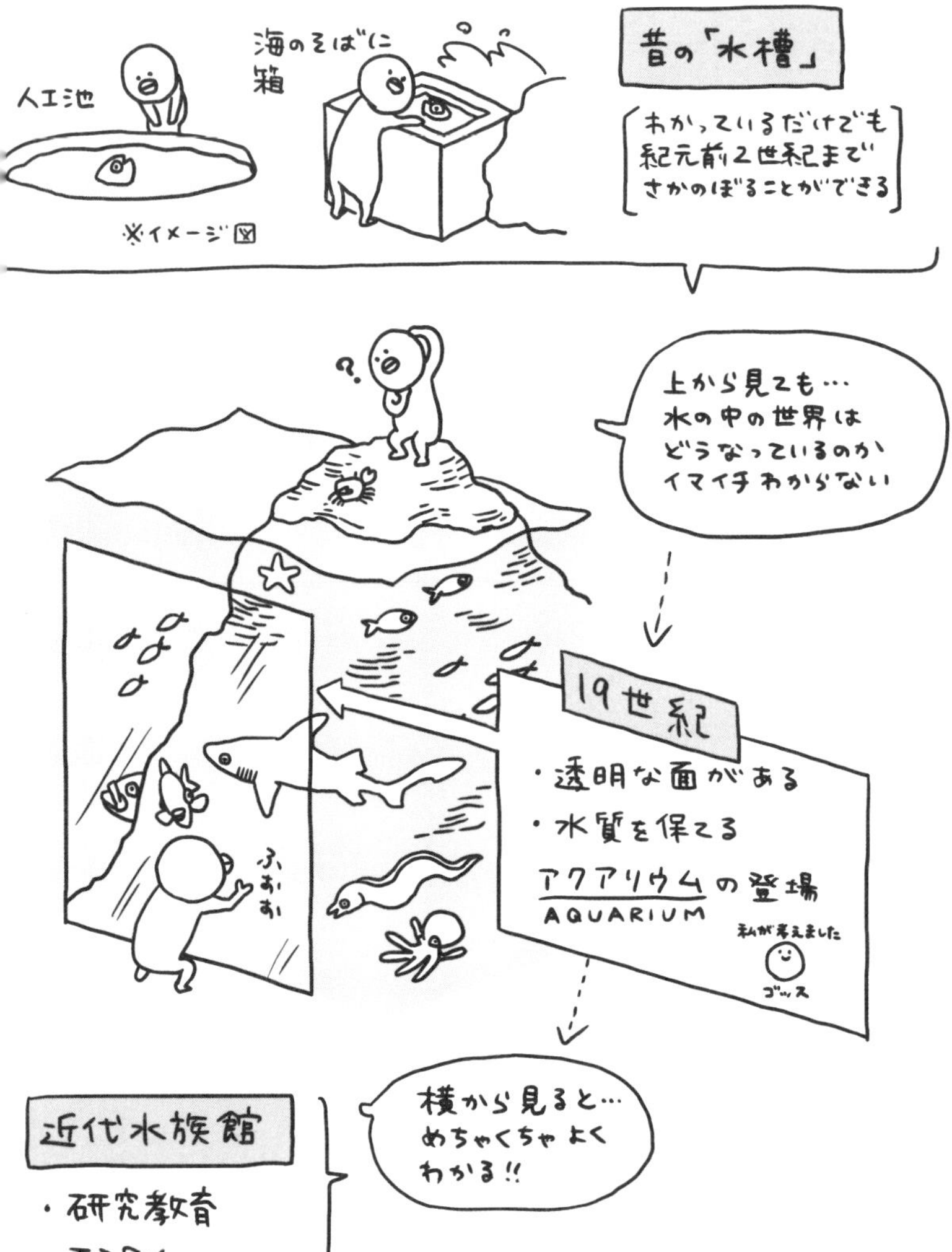

人工池
海のそばに
箱
※イメージ図
昔の「水槽」
わかっているだけでも
紀元前2世紀まで
さかのぼることができる
上から見ても…
水の中の世界は
どうなっているのか
イマイチわからない
19世紀
・透明な面がある
・水質を保てる
アクアリウムの登場
AQUARIUM
私が考えました
ゴッス
ふおお
横から見ると…
めちゃくちゃ よく
わかる!!
近代水族館
・研究教育
・エンタメ
…いろいろな機能をもった施設へ

水族館は海や川など、ふつうは見られない生きもの・世界に触れることができる博物館。地球の神秘の宝庫だ。その魅力を伝えるべく奮闘するのが飼育員である。

水族館のいろいろな活動

【調査研究】
調査
研究

【収集・保存】
収集
希少種の保存なども
保存
繁殖賞

【教育普及】
イベント
ボランティア・実習の受け入れ

【展示】
常設展示
企画展
特別展

「(前略)博物館とは、歴史、芸術、民俗、産業、自然科学等に関する資料を収集し、保管(育成を含む。以下同じ)し、展示して教育的配慮の下に一般公衆の利用に供し、その教養、調査研究、レクリエーション等に資するために必要な事業を行い、併せてこれらの資料に関する調査研究をすることを目的とする機関(後略)。」

「博物館法」第二条一項(昭和26(1951)年制定、令和4(2022)年改正)

水族館も博物館のひとつ

【エンタメ】
水族館がもっているいろいろな要素をもとに「楽しめる」施設へ

華の飼育員デビュー

はじめてのしごき

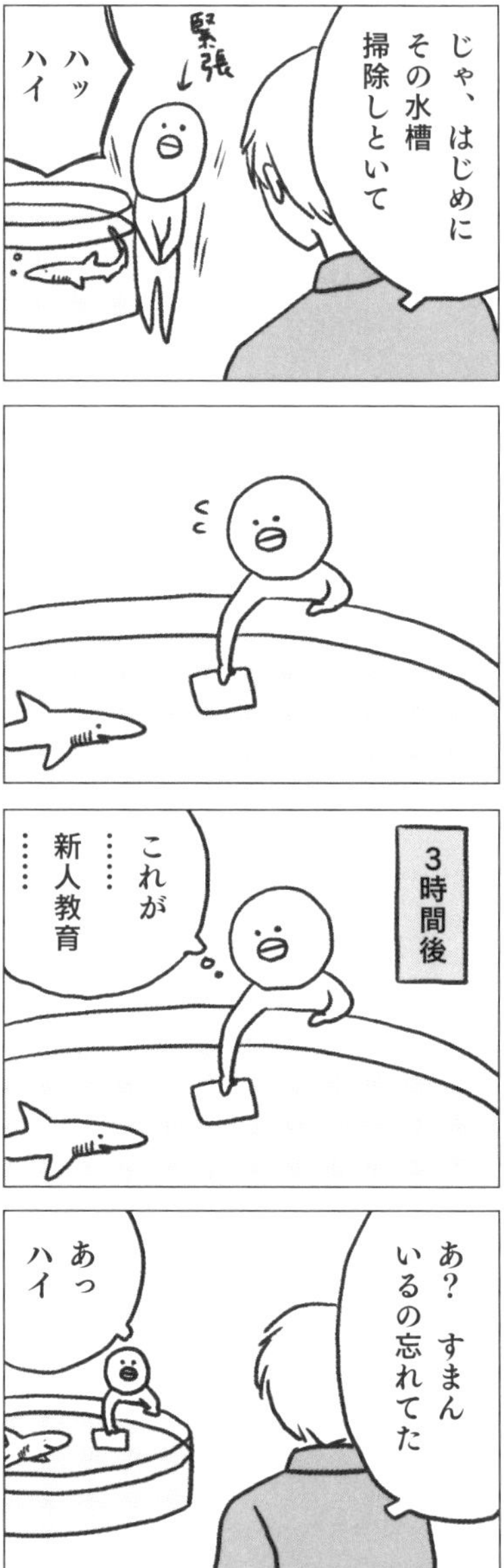

じゃ、はじめに
その水槽
掃除しといて
緊張
ハッ
ハイ
3時間後
これが……
新人教育……
あ？ すまん
いるの忘れてた
あっ
ハイ

▲ドチザメが職場でできたはじめての友人

新人（27歳）

次は冷凍イカをたくさん
さばいてもらいます
ハーイ
うおおおおおおおおおおおおおおおおお
※イメージ
あー手が
痛くなった
そう？
私平気
22歳
次の日来た
大丈夫？
27歳

▲同僚は若者ばかりではないか

異邦人

よ…よろしくお願い申し上げ致しマス
あいさつまわり
おう お前が噂の…
中国語とオランダ語ができるんだよな
そういうときが来たらよろしく
……………エ？
かろうじて中国語が読める程度
あ！あなたが噂の…
……えっと…
何か小説？とか書く人！！！
はじめての文系だからかデマ情報広がりすぎ

▲黒歴史なら書いたことがあります

3月の終わり、はじめて職員として水族館に出勤。生物系の大学を出ていない筆者は、「即戦力になる若手がほしかったのに、謎の素人《しろうと》かよ……」と冷たい目で見られるのではと思っていたが、先輩たちは冷たくも暖かくもない、諦観《ていかん》（たぶん）の表情で迎えてくれた。

初日は餌づくりや掃除を教えてもらう。ついに飼育員デビューである。見る側から世話する側へ、一気に立場が変わった日でもある。目の前にいるのは、アクリル面の向こうで動いているのを見たことはあるが、世話はしたことのない生きものたち。その水槽にいきなり手を突っこむことになったのである。何かはまだよくわからないが、いまここから新しい日常が始まるのだ、と実感した。

そんな脳みそがパンク寸前の状態で作業を進めていったのだが、その作業ひとつとっても、水槽にはコケが思った以上についている、丸々凍ったイカはめちゃくちゃ硬いなど、はじめて知ることばかりだ。一日中驚きと興奮の連続で、頭と筋肉に痛みが発生した。

水槽掃除はきほんのき

やりすぎ注意

がすがすがす
思わずスポンジで
汗をふいてしまう
よし だいぶ きれいになった
なんかまだ 汚れてるぞ もうちょっと やって
という指示
擬岩を磨きすぎると目立たなかった汚れを逆に目立たせてしまう負のループに突入する
うっうっ
がすがすがす

▲あと塗装が剝《は》がれて怒られた

ハートウォーミング掃除タイム

水槽の中に入って掃除
ビャー
きゃー
ウフ…
上司

▲上司とのふれあい

エモ掃除

トンネル水槽エモだねー
ホント創作欲シゲキされるわー
……ん？
※補正
エ…
エモの受肉…！
撮影は本人に許可を取ってから
パシャパシャ
カシャ
ここ汚れてるよの指示

▲幻想水族館伝

飼育員の一日は、毎朝のミーティングのあと、館内の見回りから始まる。水槽が汚れていないか、弱ったり死んだりしている個体はいないか、水漏れしていないか（施設が古いとよくある……）、残業した職員がその辺で寝ていないかなどを確認して、開館に備える。

水槽はすぐに汚れるので、掃除はほぼ毎日だ。だいたい30分〜1時間、アクリル面や壁を、スクレーパーと呼ばれるコケを落とす道具やスポンジなどできれいにする。気合いを入れてやるときは、生きものを移動させて水を抜き（落水）、中に入って擬岩（本物の岩に似せたもの）など、外からではやりにくい箇所の汚れを落とす。

目に見えてきれいになるので、こちらとしてはすごく「やった感」がある。が、水槽の中でのんびりしていた生きものたちにとっては、大変迷惑なのかもしれない。

水槽で潜水する恐怖

注意事項

大水槽で潜水訓練
ダイビングしたことある？
ありますが…
こんなサメだらけのとこでは潜ったことないですね
おとなしいから大丈夫大丈夫
マダラトビエイ
Aetobatus narinari
サメより危ねーのはエイだから
浮上するときちゃんと上見てね
トゲ抜いてありましたよね…？
いや口に手が入ったらつぶされるの
自然ではありえない恐怖…ッ

▲トゲは抜いてもそのうち生えてきます

海底四米《メートル》

大水槽の底（水深４メートル）まで潜ってみる
あいつ何やってんの？
底の掃除でもしてるんじゃないですか
怖くて戻れない

▲どさくさにまぎれてサメの歯見つけた

使用中

これが職員用お風呂
デケーッ！
潜水訓練終わり
寒い……
今日こそはあの風呂に入るぞ…
スパアン
使用後のウェットスーツ

▲塩抜き中

大水槽で潜ろうとすると、沖縄のサンゴ礁の比ではない密度の生きものに囲まれる。サメや大型魚にぶつからないように潜ろうとしてもスペースがなかなかないので、思わず躊躇《ちゅうちょ》していると、魚たちから「泳ぐの下手すぎ……」という軽蔑《けいべつ》のまなざし（?）が向けられる。田舎から上京して、はじめて新宿駅で乗り換えをしようとしたときの、あの感じである。

　水槽に潜るのは、掃除をしたり、特定の個体を観察したり、取り上げたりするときだ。クリスマスに「お魚さんへのプレゼント」と称してわざわざサンタに扮《ふん》して潜ることもある。サンタのヒゲが取れそうになったりして、これはこれでスリルのあるイベントだ。また淡水の大きな水槽の場合、海水とは比重が違うので潜るとどんどん沈んでいくのだという。恐ろしい話である。

　ちなみに餌やりの直後は、大水槽の水面に餌の油が浮いているので、潜水から浮上するとその油膜を下から突き破って顔を出すことになり、映画『地獄の黙示録』の名シーンを再現できる。

餌のやり方にもいろいろある

遠投

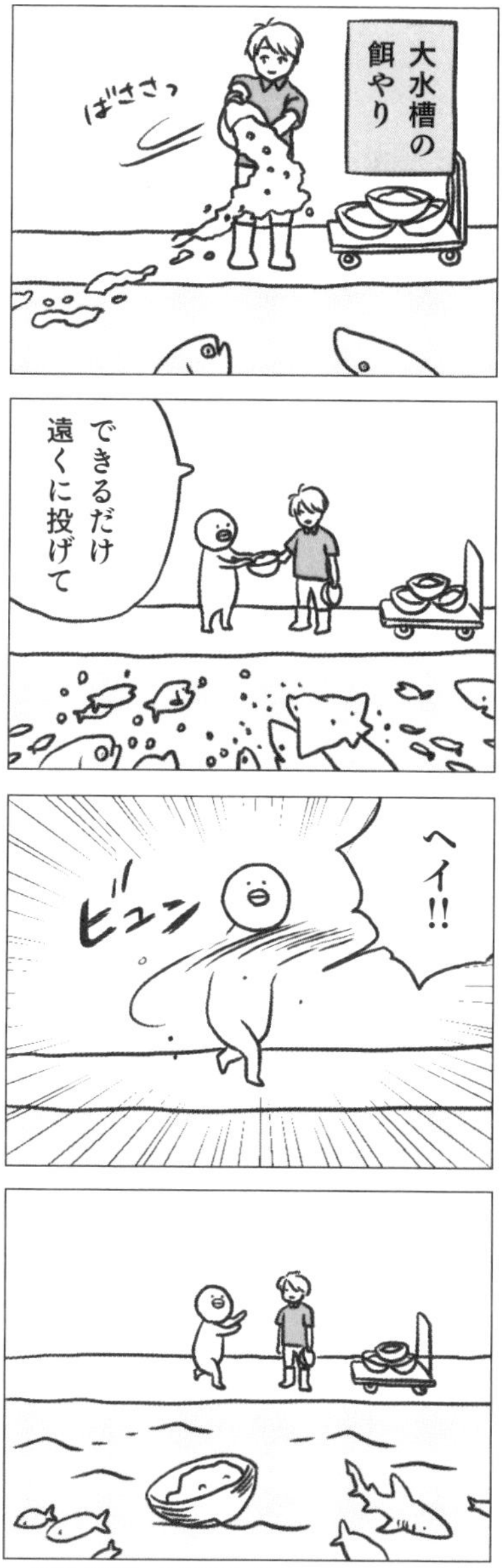

大水槽の餌やり
ばささっ
できるだけ遠くに投げて
ヘイ!!
ビュン

▲運動神経悪すぎ飼育員

おこだわり

お待たせしましたイカです
次はエビだよ
ぱくん
タマカイ
Epinephelus lanceolatus
ええー…
イカの次はアレだろ？ という顔
わかりました！
昨日喜んで食べてたアジですね
ええー…
お前バカなの？ という顔

▲こうなったらもうイカも食べないぞ

でかい釣り針

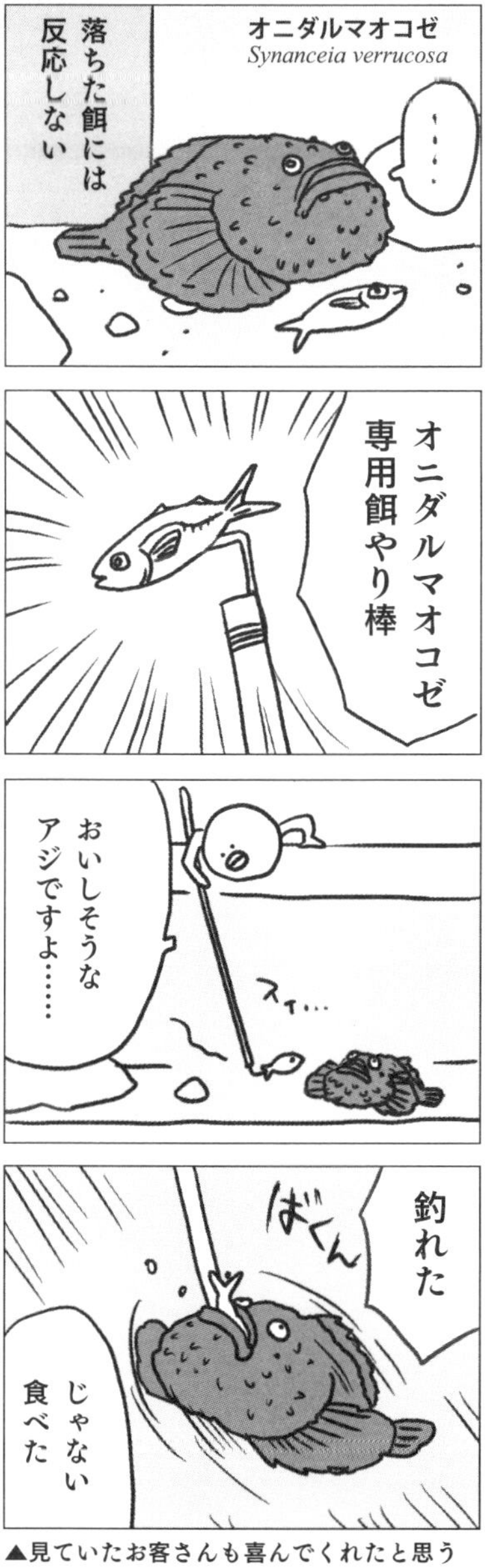
オニダルマオコゼ
Synanceia verrucosa
……
落ちた餌には反応しない
オニダルマオコゼ専用餌やり棒
おいしそうなアジですよ……
スィ…
釣れた
ぱくん
じゃない
食べた

▲見ていたお客さんも喜んでくれたと思う

餌を食べるようすは、体調の変化などを知るための手がかりである。飼育員としては、いつも元気に餌を食べてもらいたいものだ。しかし、昨日は食べた餌を今日は食べない、元気なのに数日間食べない、というように、根気比べになることもある。

魚の給餌《きゅうじ》（餌やり）の方法はさまざまだ。ただ餌をざーっとまくだけで平気な魚もいれば、擬《ぎ》似《じ》餌《え》のように動かす、音を立ててから餌を投げこむ、などの工夫が必要な魚もいる。どの個体がどのくらい食べたか、小さい個体や引っこみ思案な個体にも餌が行きわたっているかを確認していく。

ただし大きな水槽ではそのように一匹一匹見守るのが難しい（マスタークラスになると見分けられるという）ので、すべての魚に餌が行きわたるように餌をまかなければならない。まずは餌をたくさん食べてしまう気の強い魚には個別に餌をやるなどして引きつけておいて、その隙に残りの魚に餌をまく。ほかにも、餌の大きさを変える、沈む餌と浮く餌を混ぜる、などの工夫も必要になる。

おいしく食べてくれればそれでいい

土足禁止

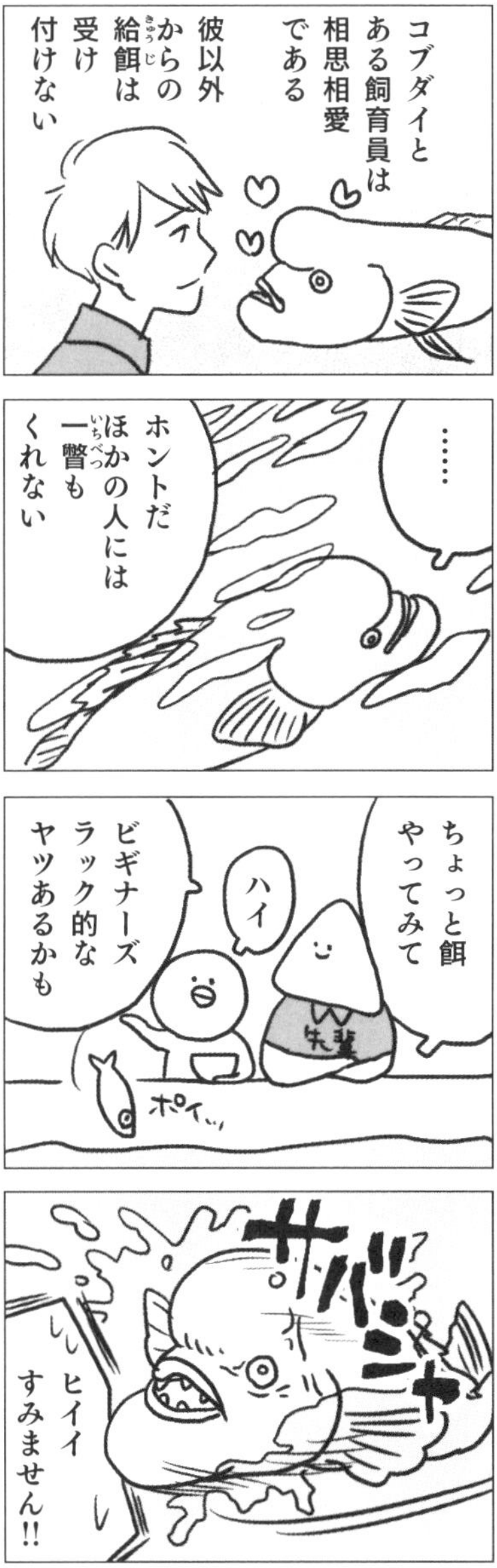

コブダイとある飼育員は相思相愛である
彼以外からの給餌《きゅうじ》は受け付けない
ホントだほかの人には一瞥《いちべつ》もくれない
……
ちょっと餌やってみて
ハイ
ビギナーズラック的なヤツあるかも
先輩
ポイッ
ザバシャ
ヒイイすみません!!

▲水族一の純愛

餌の時間

ザバー
新鮮なアサリ
ポイポ
ポ
うまそうなイカ
ポイ
イ
シャキシャキ野菜
食パン1枚

▲白米だけ持ってきた職員いた

営業成績No.1

もしも飼育員が営業だったら
帰社しました
餌やりイベント5人でした
新人め！先輩を見習え！
今月の成績
え…!? すごい売上!!
200円
ウミガメのえさ
1個200円
お客様の心をすぐに掴んで弊社一の稼ぎ頭だ!!
ダンッ
いったいどんな人ですか!?
カリスマの権化!!

▲ガチャ系は餌やり界のホープ

餌やりをしていると、独特の反応を示すようになる生きものもいる。水をぴゅっと吐いて餌の催促をしたり、じっと見つめてきたりする個体、特定の飼育員からしか餌を食べない個体などなど……生きものの人との関わり方はじつに多様だ。

そんな餌やりは、お客さんに人気のイベント。ほとんどが有料であるが、飼育員がお客さんを案内する餌やりは手間がかかる。となると、いちばんの稼ぎ頭は「無人餌やり箱」であった。

たとえばウミガメやコイなど「ガッツリ食べる系生きもの」の展示水槽の近くに箱を置き、餌の入ったカプセルを入れておく。それを買ってもらい、各々で水槽に投げ入れてもらうものである。非常にコスパがよく気軽にできるが、お客さんに直接解説ができないし、カプセルを用意するのが大変だ。仕事終わりにひたすら餌をカプセルに詰める作業をするのは、なかなかの苦行であった。

種や個体によって手間のかけ方は異なるが、どんなやり方であっても、おいしく食べてもらいたいという思いは共通している。

おいしい餌づくり

それはそれ

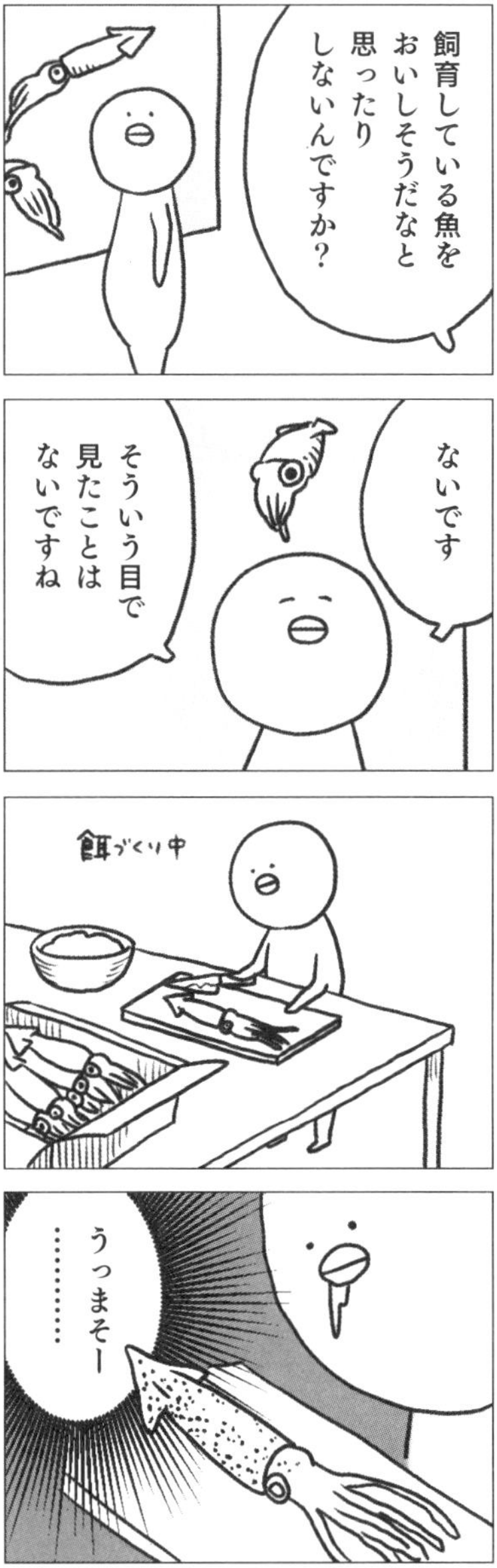
飼育している魚を
おいしそうだなと
思ったり
しないんですか？
ないです
そういう目で
見たことは
ないですね
餌づくり中
うっまそー
…………

▲境界線上のイカ

海鮮丼

あー……
お腹
すいたな……
イカの切り身
て
イヤイヤ
イヤ…
さすがに
食わんから
ザッ
イカとサーモン
醤油
どこですか!?
後ろの棚に
あるよ

▲ヒト用ではないので絶対にマネしないで

分担

→実際は調餌のときに分別する
この魚 頭がない あげるのやめとこ
ポイッ
この餌 ボロボロ だから ほかのを 食べようね
ポイッ
じゃあ
あと よろしくー
うっうっ……
バシャ
バシャ

▲栄養たっぷり

ほかの仕事と同様、毎日欠かせないのが大量の餌づくり（調餌《ちょうじ》）。新人も、この嵐のような作業にいきなり身を投げこまれることになる。

日によって必要な餌の量や形は異なり、スケジュールによってつくる優先順位も変わってくる。大水槽にまく餌の用意だけでも1時間以上かかっていたと思う。時間配分をミスすると、自分の昼ごはんを抜いて餌をつくりつづけるはめに。

調餌室（餌をつくる部屋）の冷蔵庫には、餌となる新鮮な魚や野菜がぎっしりつまっている。飼育員の食事より（少なくとも当時の筆者よりは）間違いなく「いいもの」を餌としてあげていた。

アザラシやイルカなどの海獣類は新鮮な餌を好む。彼らが食べなかったがまだ餌として使える身の欠けた魚などは、魚類にまわされ、その餌の一部となる。魚類担当としては若干切なく感じなくもないのだが、本人（魚）たちはおいしそうに食べていたから、まぁいいか。

調《ちょう》餌《じ》室《しつ》事件簿

パンドラの箱

冷凍庫が壊れた!!
急いで中身をほかの冷凍庫へ
これはエライことになるぞ…
まずは餌を運び出そう
ごくり
?
餌
村の古老
餌にまぎれて得体の知れない何かが出てきました
重…
あっそれ解剖しようと思ってたサメ…
エヘヘ
これ溶けて謎の液体が
もう中身が何か見るのやめましょう
ボタボタ

▲突然の大掃除タイム

処理係

調餌室
漁師さんにもらったエビ知らない?
じゅうじゅう
採ってきたカワハギがないんだけど…
肝醤油

▲早い者勝ち

包丁さばき

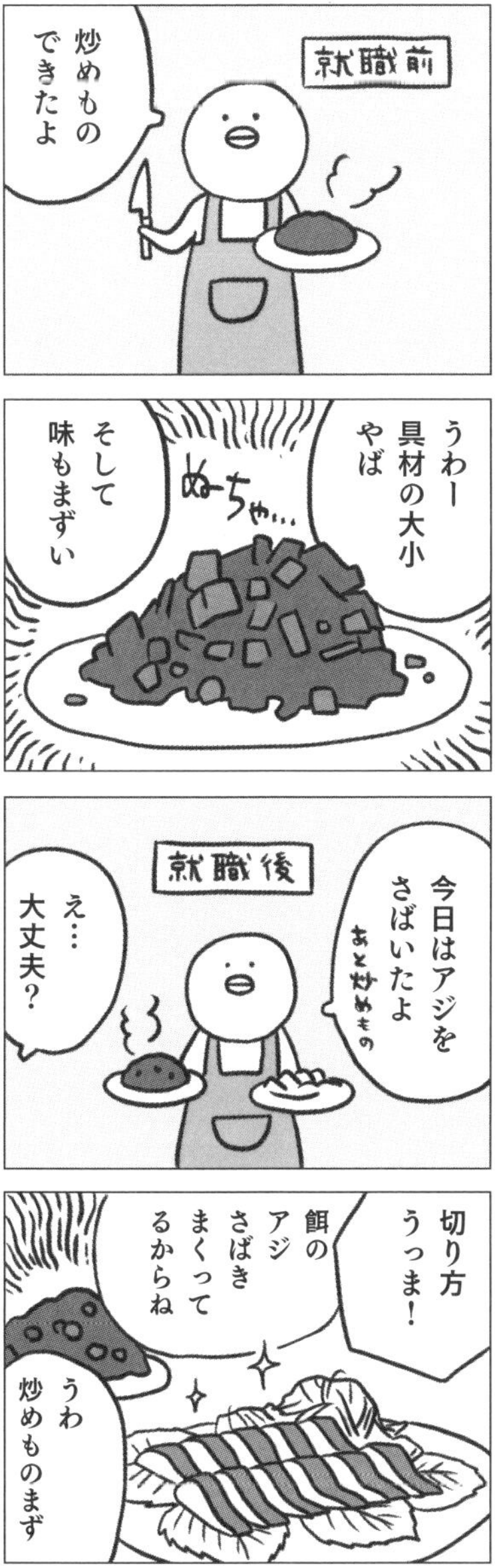

就職前
炒めもの できたよ
うわー 具材の大小 やば
そして 味もまずい
ぬちゃ…
就職後
今日はアジを さばいたよ
あと炒めもの
え… 大丈夫？
切り方 うっま！
餌の アジ さばき まくって るからね
うわ 炒めものまずい

▲三枚おろしだけうまい

調餌室《ちょうじしつ》には、家庭用の何倍もある巨大な冷凍庫がある。バックヤードツアーのときに開けて冷気を感じてもらうと、お客さんたちに間違いなくウケる。その中にはもちろん餌のストックが入っているのだが、3分の1くらいのスペースは、探究心あふれる飼育員たちが「謎の品々」を保管する倉庫と化していた。研究用の冷凍庫がなかったため、ここに置いておくしかなかったのだ（他園館はそうでないことを祈る）。停電や故障で庫内の温度が上がったときは、餌がダメにならないよう急いで別の冷凍庫に移すのだが、その際は得体の知れないものが次々と発掘されてちょっとした祭り状態になる。あのとき見つかったサメは、いったいどうなったのであろうか。

調餌室には立派な調理台や調理道具、コンロがあるのでたまに料理上手の飼育員がヒト用の調餌をしていることもある。とくに釣りが好きな飼育員は、魚をさばいたり調理したりするのがうまい。筆者も日々の餌切りで、包丁さばきだけは上達した（と思う）。

コオロギもヒヨコも餌

水族館のコオロギ

ｺﾛｺﾛ
淡水エリアでは逃げたコオロギ(餌)の鳴き声がたまに聞こえる
ｺﾛｺﾛ
あっえへへ
逃がした
海水エリア
ｺﾛｺﾛ
事務所
ｺﾛｺﾛ
もう餌か野生かわからなくなってきた

▲逃がしたら責任をもって捕まえよう

白い粉

チョコケーキつくったぞ！
仕上げに…
粉糖！
オシャレ！おいしそう！
ヤモリにコオロギあげるぞ！
仕上げに！
カルシウムパウダー…
いや粉糖！粉糖だわコレ

▲かわいさUP

世界の掟

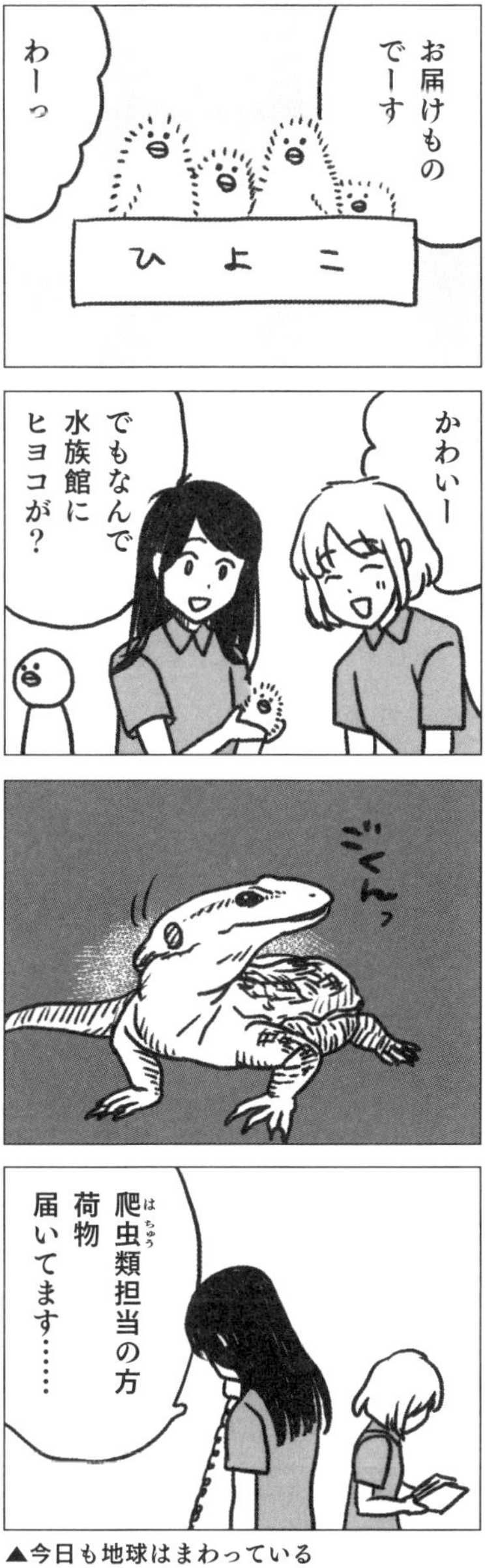
お届けものでーす
わーっ
ひよこ
かわいー
でもなんで水族館にヒヨコが？
ごくんっ
爬虫《はちゅう》類担当の方
荷物届いてます……
▲今日も地球はまわっている

　水族館で扱う餌は、イカやサケ、アジ、アミエビなどの生餌が大半である。これらは週に何度か大量に届けられ、大事に使っていく。大きな園館だと使う量も規模が違う。使いきれなかった餌や切り落とした尾びれなど、調餌《ちょうじ》の都合上余ったもの（残餌《ざんじ》）は、業者さんが引き取ってくれる。加工されて家畜たちの餌などに再利用されるらしい。これらのほかにも、とても紹介しきれないほど多様な餌を用意する。

　とくに淡水魚の飼育員は担当する生きものの種類が多いため、そのぶん餌もいろいろだ。小型の両生類や爬虫《はちゅう》類にはミールワームやコオロギ、デュビア（ゴキブリ）、大型のトカゲやヘビにはヒヨコなど。ほかに、乾燥餌や配合餌料《じりょう》も使用する。状況によってはいっしょに薬やサプリメントをあげることもある。いずれにしても飼育員が考え抜き、手間をかけて餌を用意している。

餌やりを見てもらうということ

大公開

▲その者青き衣をまといて水底に降り立つ

朝ごはん

▲おやさいおいしいな

ヒトをはじめとする生きものが、餌（ごはん）を食べているようすというのは、どことなくかわいらしい。

カニが砂の中からちまちまと餌を探しては口に運んでいるようすだとか、フジツボやカメノテが蔓脚《まんきゃく》をヒュッと出してはプランクトンをつかまえているようすは、1時間以上は見ていられる。ピラルクやシロワニといった大型生物は食べ方もダイナミックだ。種によって、また個体によって食べるものや食べ方もさまざまで興味深い。

水族館では餌やりをお客さんに見せたり、お客さん自身に餌をやってもらったりすることがある。お客さんにとっても生きものが餌を食べるようすを直接観察できる特別な時間だ。

水族館では生き餌を与えることもあり、それは残酷だという声もある。その意見も尊重しなくてはならないが、個人的にはそういったことも含めて、しっかりと見て知ってもらうのも大事なことだと思う。生きものはカワイイ、キレイだけでは生きていけないのだ。

窓に！　窓に！

うわーん
大きい水槽
こわいよー
ふふ
大丈夫
ス…
あの
のぞき窓を
見てごらん
ほら
エイさんが
こんにちは
しに来るよ～
ぬっ
餌

▲深淵もまたこちらをのぞきに来たのだ

水族館の餌メニュー

飼育員が日々、水辺の生きものたちに用意する餌の一部を大公開！　なお当店はお客さま（生きもの）からの注文が多い料理店です。

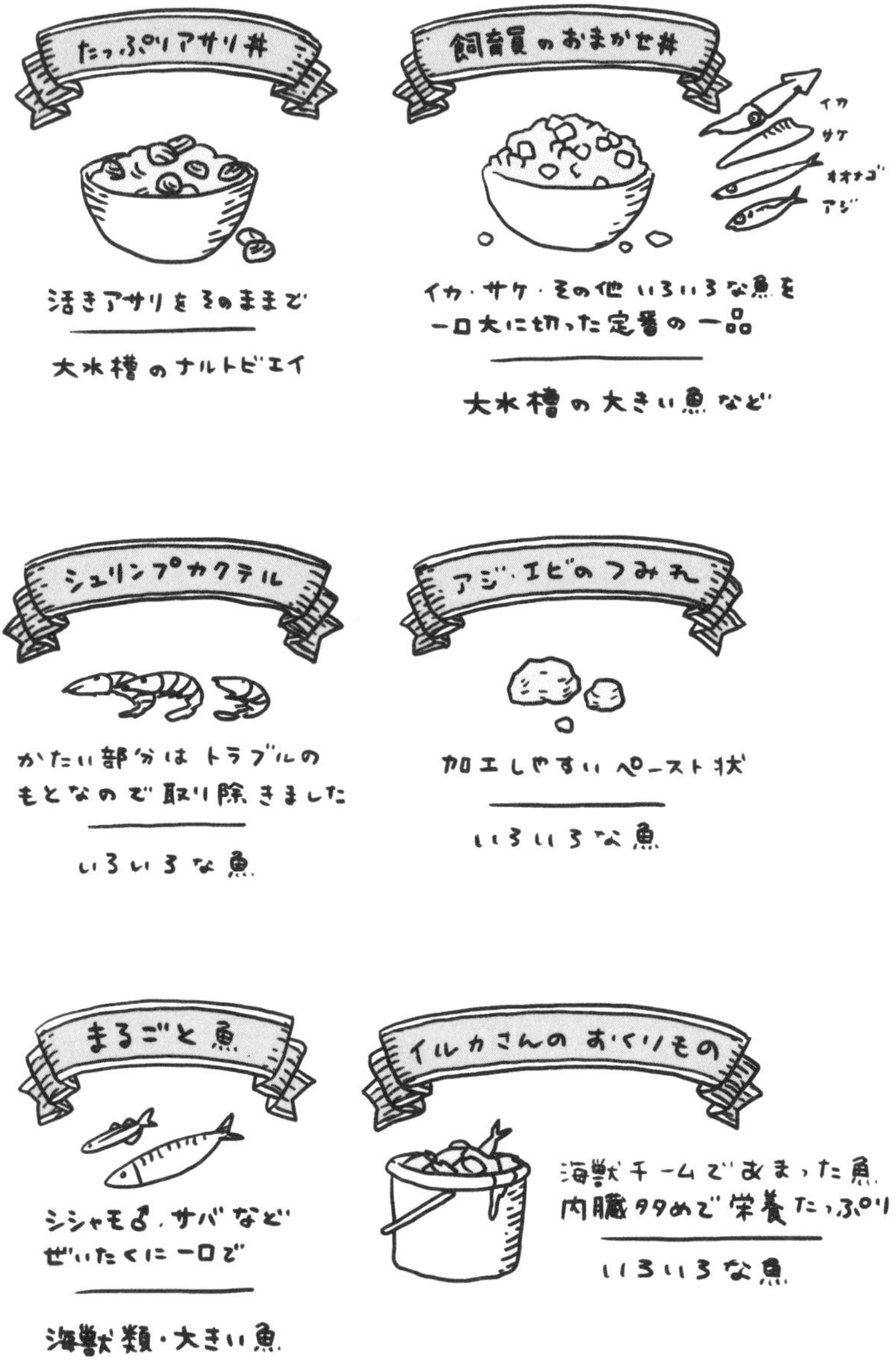
たっぷりアサリ丼
活きアサリをそのままで
大水槽のナルトビエイ
飼育員のおまかせ丼
イカ
サケ
オオナゴ
アジ
イカ・サケ・その他いろいろな魚を
一口大に切った定番の一品
大水槽の大きい魚など
シュリンプカクテル
かたい部分はトラブルの
もとなので取り除きました
いろいろな魚
アジ・エビのつみれ
加工しやすいペースト状
いろいろな魚
まるごと魚
シシャモ♂、サバなど
ぜいたくに一口で
海獣類・大きい魚
イルカさんのおくりもの
海獣チームであまった魚
内臓多めで栄養たっぷり
いろいろな魚

産まれたてのアルテミア

(餌用プランクトン)

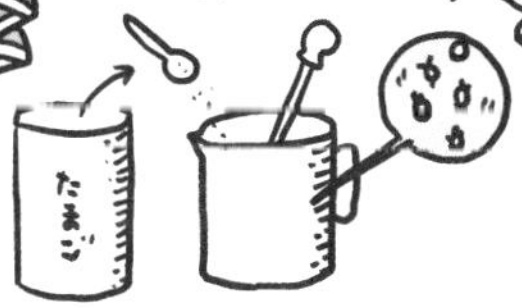

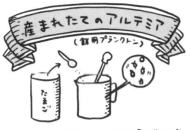

サラサラの粉を水に入れるだけで
え?何で?アルテミアが産まれます

クラゲ・小さい魚など

シャキシャキ野菜のサラダ

激安スーパーでは買えない高品質サラダ

草食性魚類など

ぴちぴちキンギョ

通称「エサキン」
ぴちぴちが好きならコレで決まり

大きい魚

サケのスティック

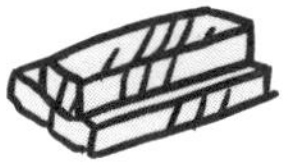

手に持ちやすく食べやすい

ラッコさん

ぴちぴち昆虫

コオロギ・デュビア・ミールワーム
オプションでパウダー追加できます

両生類・爬《は》虫類

アカムシ餅

あの駄菓子に似た
どこかなつかしい形

小さい魚など

…などなど
適宜ご要望にお応えします

キャッチボール

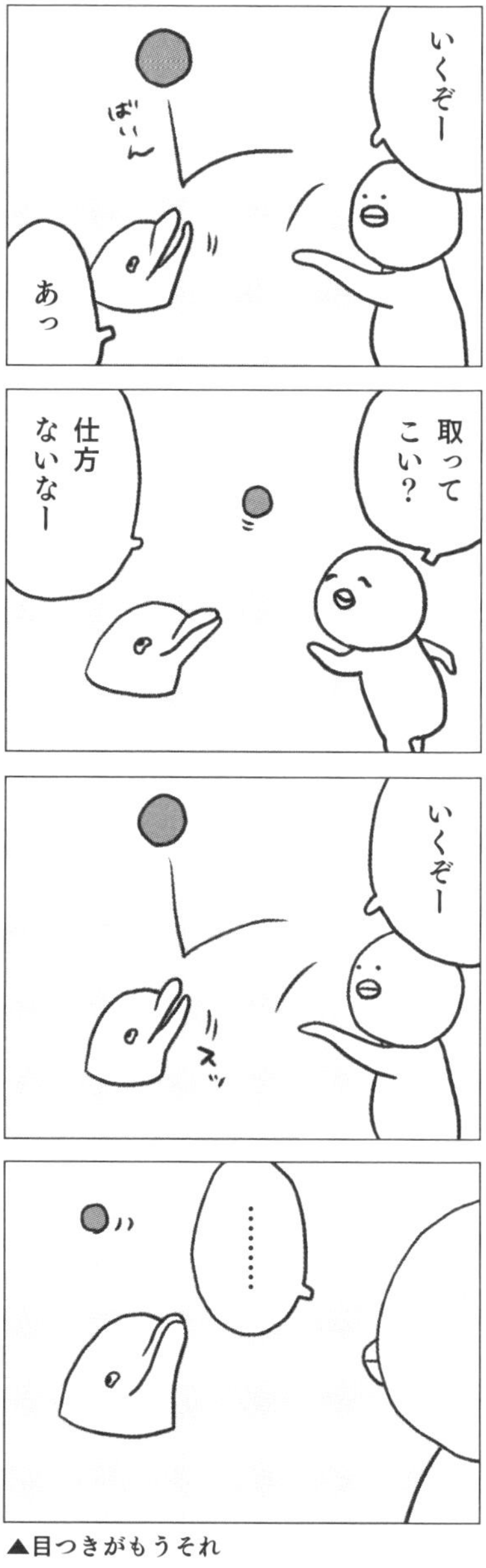
いくぞー
ばいーん
あっ
取ってこい？
仕方ないなー
いくぞー
スッ
……

▲目つきがもうそれ

大脱出

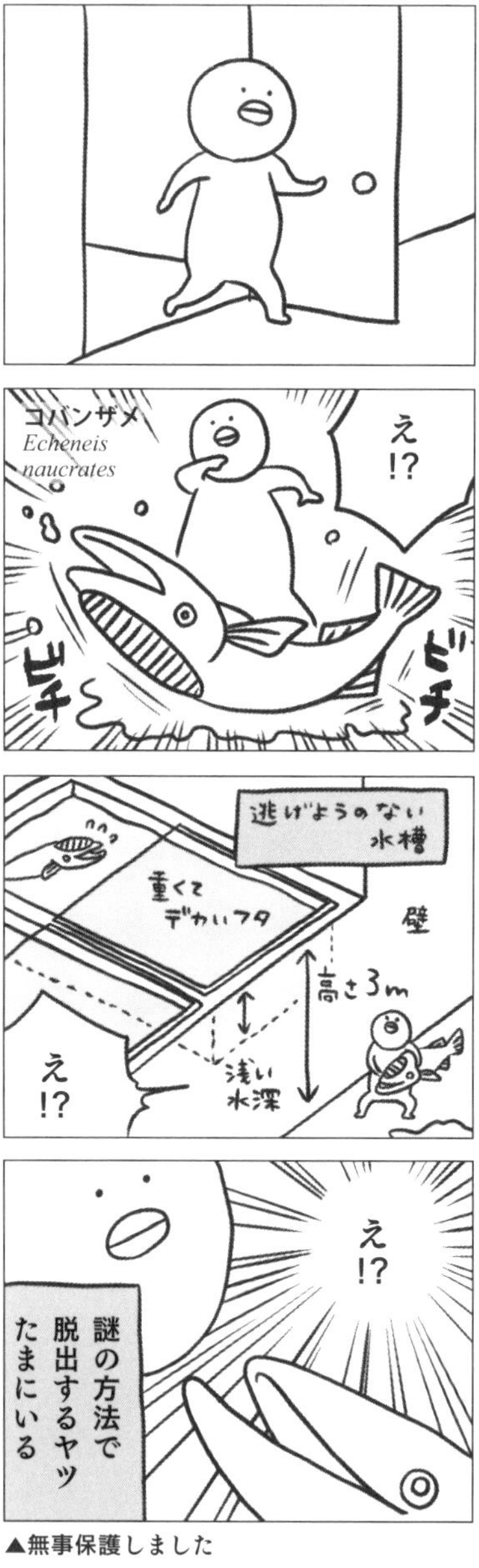
え!?
コバンザメ
Echeneis naucrates
ビチ
ビチ
逃げようのない水槽
重くてデかいフタ
壁
高さ3m
浅い水深
え!?
え!?
謎の方法で脱出するヤツたまにいる

▲無事保護しました

動体視力検査

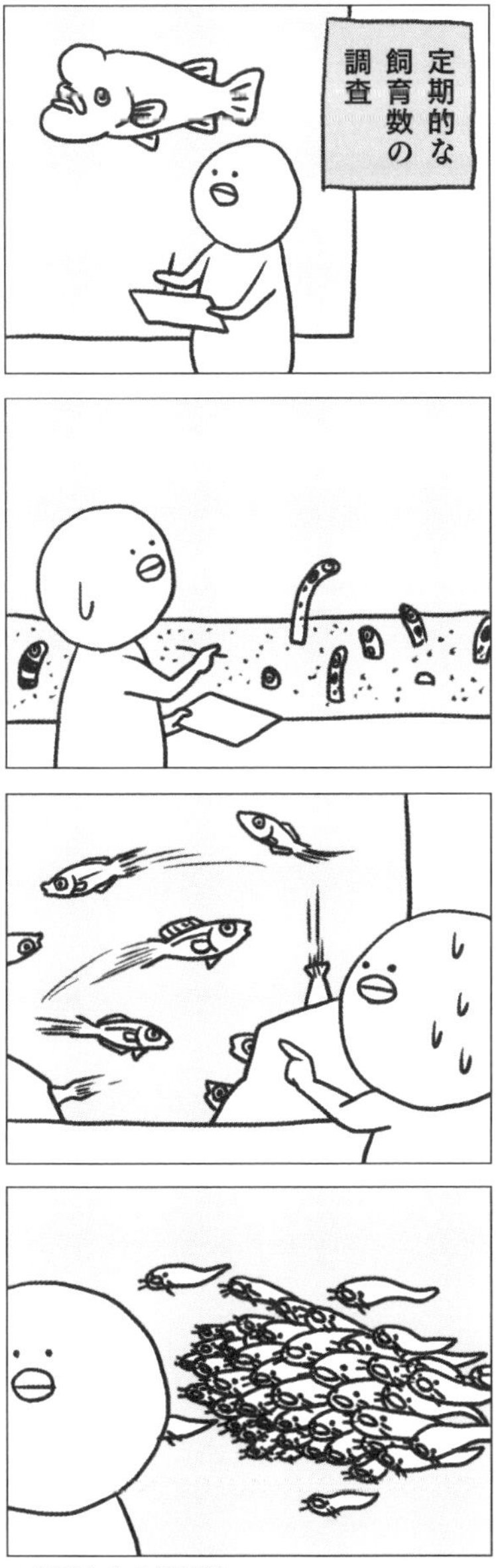

▲魚類からの挑戦状

生きものたちを世話してみて、いちばん驚いたのは、個性が強いということ。脱走癖のあるタコ、元気なのに突然拒食する魚、高価な餌しか食べない魚、ずっと隠れていて担当飼育員でもめったに見ることのない魚、などなど。人間とまったく同じで、同じ種でも個体によって性格が異なることもあるようだ。海獣類なら何となくわからなくもないが、魚類にも性格の違いがあるのは目からウロコだった。もしかしたら無脊椎《むせきつい》動物にも個性があるのかもしれない。

水族館の生きもののなかでも個性が顕著なのは、やはりイルカやアザラシ、ペンギンなどの海獣類である。気の強いアシカや、騒がしいのが嫌いなアザラシなど、海獣類の飼育員はその性格の違いに翻弄されているようだ。

筆者がめずらしくイルカとからんだときは、こちらが緊張していたせいか、水をかけられたりボールで弄《もてあそ》ばれたりと、完全に舐《な》められてしまった。飼育員には、舐められないオーラが必要なのだ。

飼育員の生きもの愛

ドナドナ

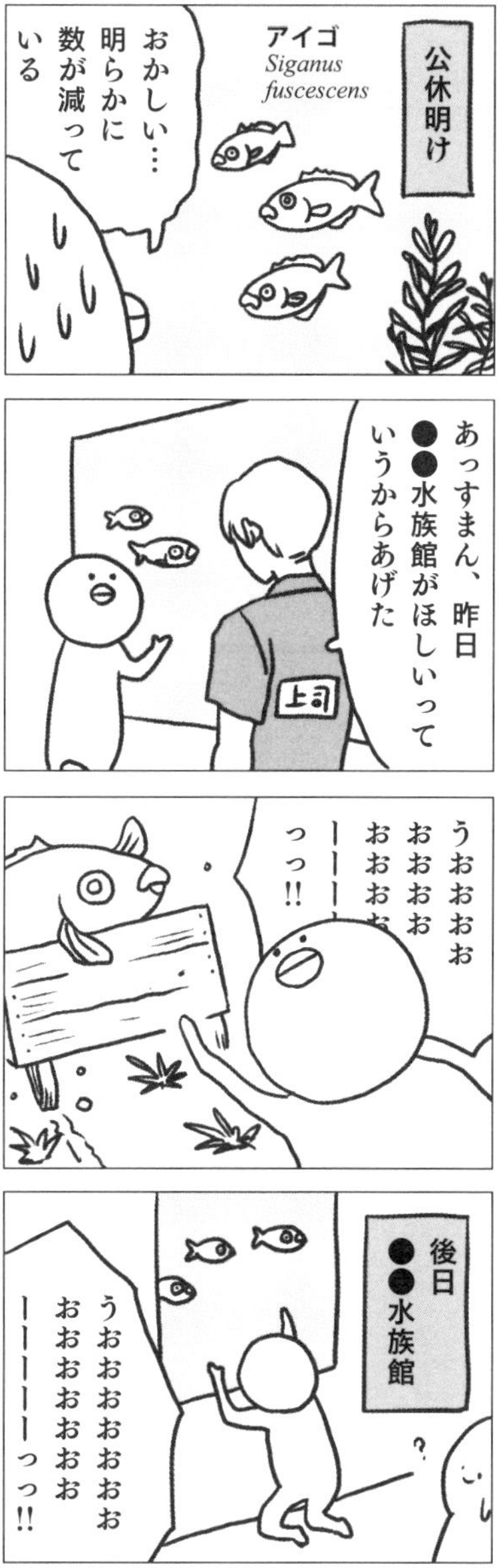
公休明け
アイゴ
Siganus fuscescens
おかしい…明らかに数が減っている
あっすまん、昨日●●水族館がほしいっていうからあげた
上司
うおおおおおおおおおーーーーっっ!!
後日●●水族館
うおおおおおおおおおおおおーーーーーーっっ!!
?

▲1つの水槽につき担当は2人

ダメな親

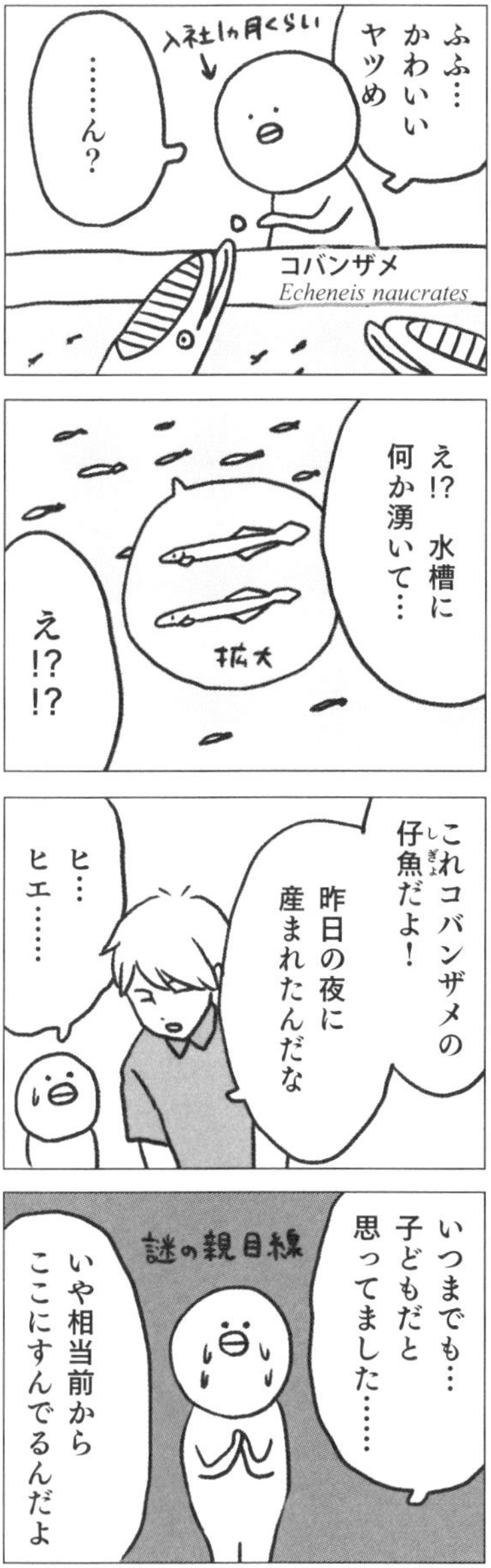
入社1ヶ月くらい
ふふ…かわいいヤツめ
……ん?
コバンザメ
Echeneis naucrates
え!? 水槽に何か湧いて…
え!?!?
拡大
これコバンザメの仔魚《しぎょ》だよ!
昨日の夜に産まれたんだな
ヒ…ヒエ……
謎の親目線
いつまでも…子どもだと思ってました……
いや相当前からここにすんでるんだよ

▲自分よりだいぶ先輩だった

かわいいもの 監視係

事務仕事
やる気が出ない…
ペンギン見て
癒やされよう
せっせっ
せっせっ
ペンギンも
働いてるのに
自分はいったい…
でもかわいいから
ずっと見ていよう
それも仕事
ですよね うん

▲観察しているという雰囲気を出すのが大事

飼育員になるのに決まった方法はないが、ほとんどの飼育員は生物系の大学や、飼育員養成などの専門学校を出ている（イルカトレーナー専門の学校もある）。つまりはほとんどが生きものが好きで、この茨《いばら》の道を選んだ人たちなのである。

ネコやイヌなど生きものを飼っている人は、多くが彼らを大事に思っているだろうし、ペットというよりも自分の家族のように思っている人もいるだろう。飼育員も、やり方や考え方はそれぞれにしても、生きもののことは同じように大事に思っているはずだ（全員に聞いてまわったことはないが、そうあってしかるべきだろう）。

飼育員をやっていると、いろいろな生きものたちと関わることができて楽しいことも多いが、同様につらいことも多い。せっかく水族館に来てもらったのだからなるべくいい暮らしをしてもらえるよう努力するものの、どうしても生きものの病気や死に何度も向き合わなければならない。それらを乗り越えて、よりよい飼育ができるよう、一歩ずつ進んでいくこととなる。

愛と闘いの日々

ギャップ萌え

キュル
ウフフ…
アザラシさんは今日もかわいいね
発情期

▲閉園後だったからよけい怖かった

好敵手

展示する水槽がなく予備水槽にいるニシキエビ
ニシキエビ
Panulirus ornatus
ちょっと掃除するからコッチおいで…
……
ジリ…
ジリ…
一定の間合い
ビュオー
コン
サッ
フフ…

▲闘いのなかで育まれる友情(一方的)

浮気フグ

スキ
クク…お前はもう
おれのもの……
スキ
イシガキフグ
Chilomycterus reticulatus
スキ
スス…
スキ
スス…
ワーイ

▲口はいつも半開き

カニ愛好クラブ

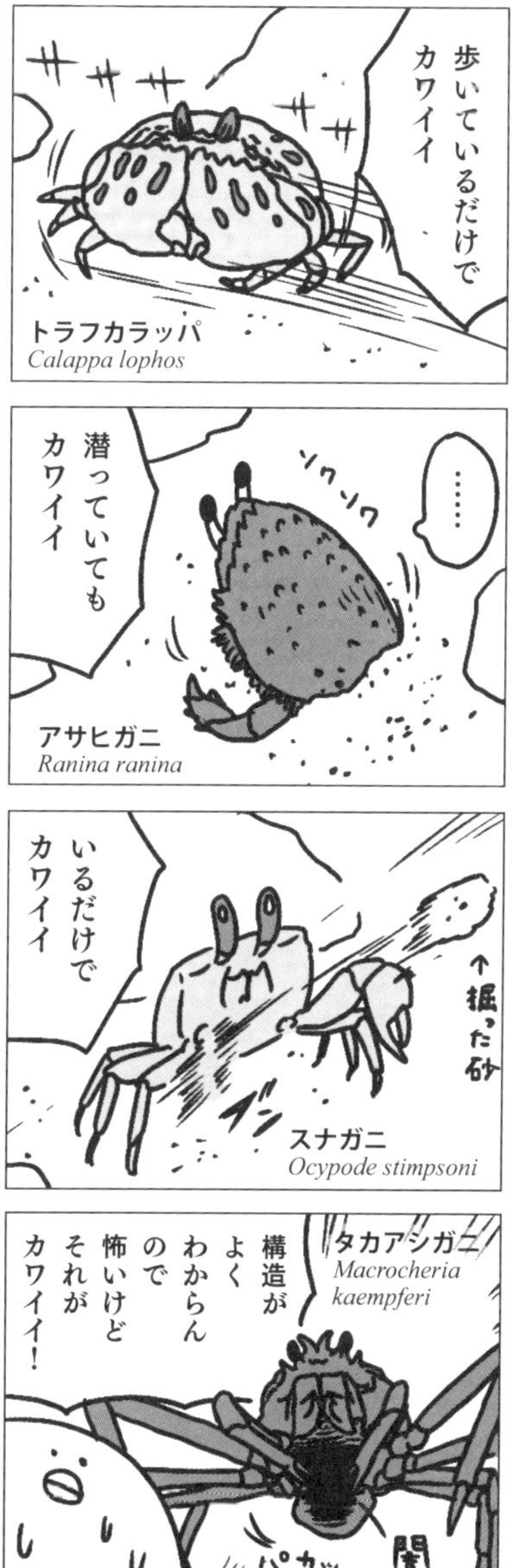
歩いているだけで
カワイイ
トラフカラッパ
Calappa lophos
潜っていても
カワイイ
……
ソワソワ
アサヒガニ
Ranina ranina
いるだけで
カワイイ
↑掘った砂
スナガニ
Ocypode stimpsoni
構造が
よく
わからん
ので
怖いけど
それが
カワイイ!
タカアシガニ
Macrocheria
kaempferi
パカッ
闇

▲腹部のお手入れをしているらしい

異常事態こそが日常

朝のルーティーン

朝は見回りから始まる
ヨシ！
←漏水
ここまではヨシ、と…
ん？
キッズスペース
ヒッ 人が落ちてます!!
徹夜明けの職員
おっ朝か
ムク

▲やわらかい寝心地

新人の危機

おはようございます
えっ…
ハイ…わかりました……では……
どうしたんですか？
先輩カゼで来られないって…
今日うちのチームこの2人だけ…
1年目
2年目
カチャ…

▲大冒険がいま始まる

ミーティング、見回り、掃除、餌づくり、給餌《きゅうじ》、水槽管理というように、飼育員の一日の仕事は大まかには決まっている。といっても生きもの相手ということもあり、だいぶ変則的だ。そこにイベントや取材などイレギュラーな業務がねじこまれたりする。平穏無事に終わる日もあるし、トラブル続きでまともにルーティンをこなせない日もある。昼ごはんもまともに食べられず、夕方になってやっと自分の机の椅子に座ったということも。

変則的であっても、イベントや給餌、大量の冷凍餌の搬入、そのほか当番制の業務など、定時にしなければならないこともあるので、つねに時間を気にする必要がある。とくに勤務後に飲み会やライブの予定が入っている飼育員には、絶対に予定時刻までに業務をこなしてみせるという気概が感じられる。そううまくいくかどうかは、また別の話だが。

お掃除当番

▲ときどき当番を忘れてめちゃ怒られた

飼育員の何でもない一日

餌づくり、給餌《きゅうじ》、水槽掃除、イベント、研究など、さまざまな業務を行う飼育員。特別なことのない、ふつうの一日を追ってみよう。

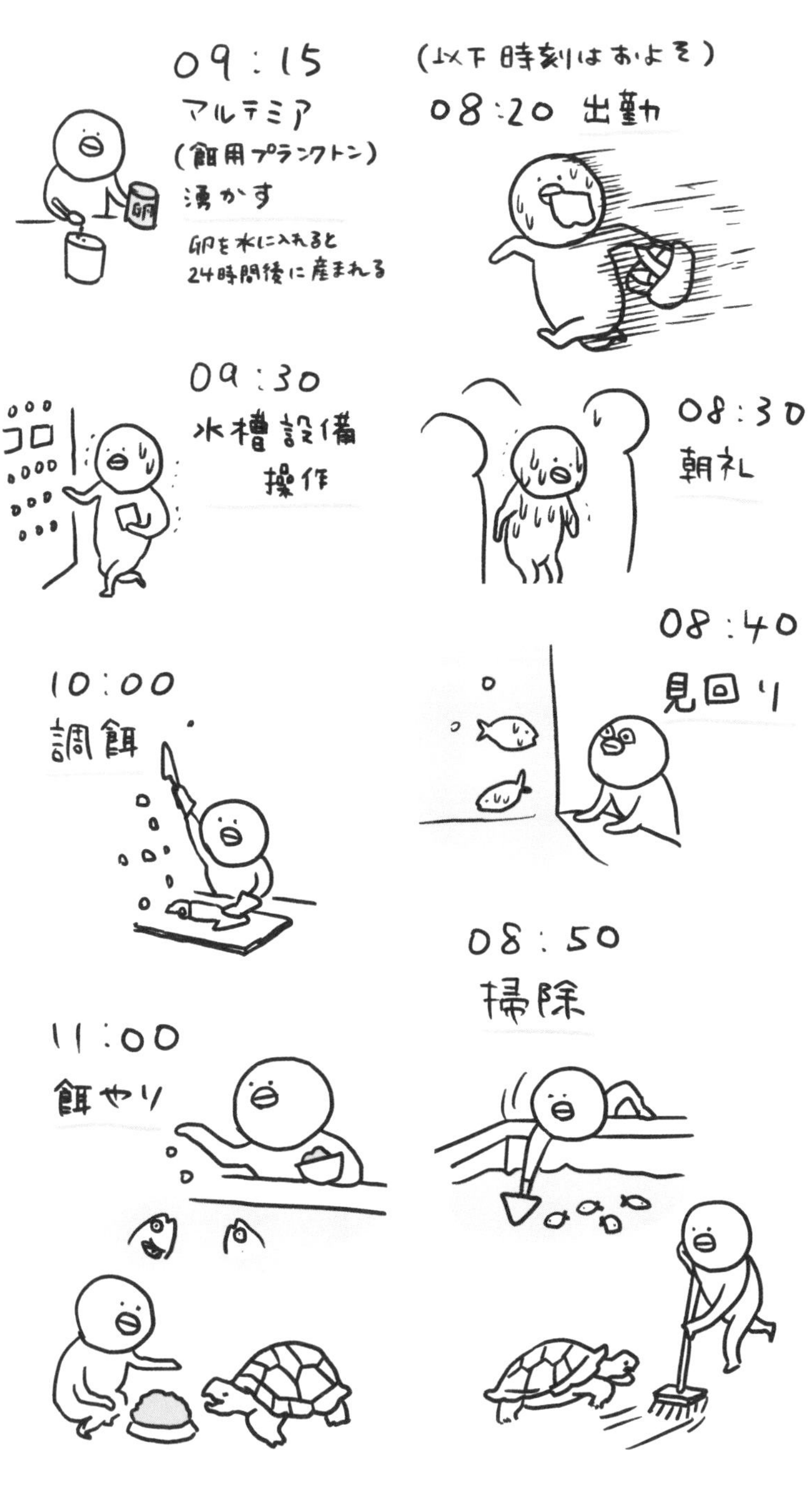

(以下時刻はおよそ)
08:20 出勤
08:30 朝礼
08:40 見回り
08:50 掃除
09:15
アルテミア
(餌用プランクトン)
湧かす
卵を水に入れると
24時間後に産まれる
卵
09:30
水槽設備
操作
コロ
10:00
調餌
11:00
餌やり

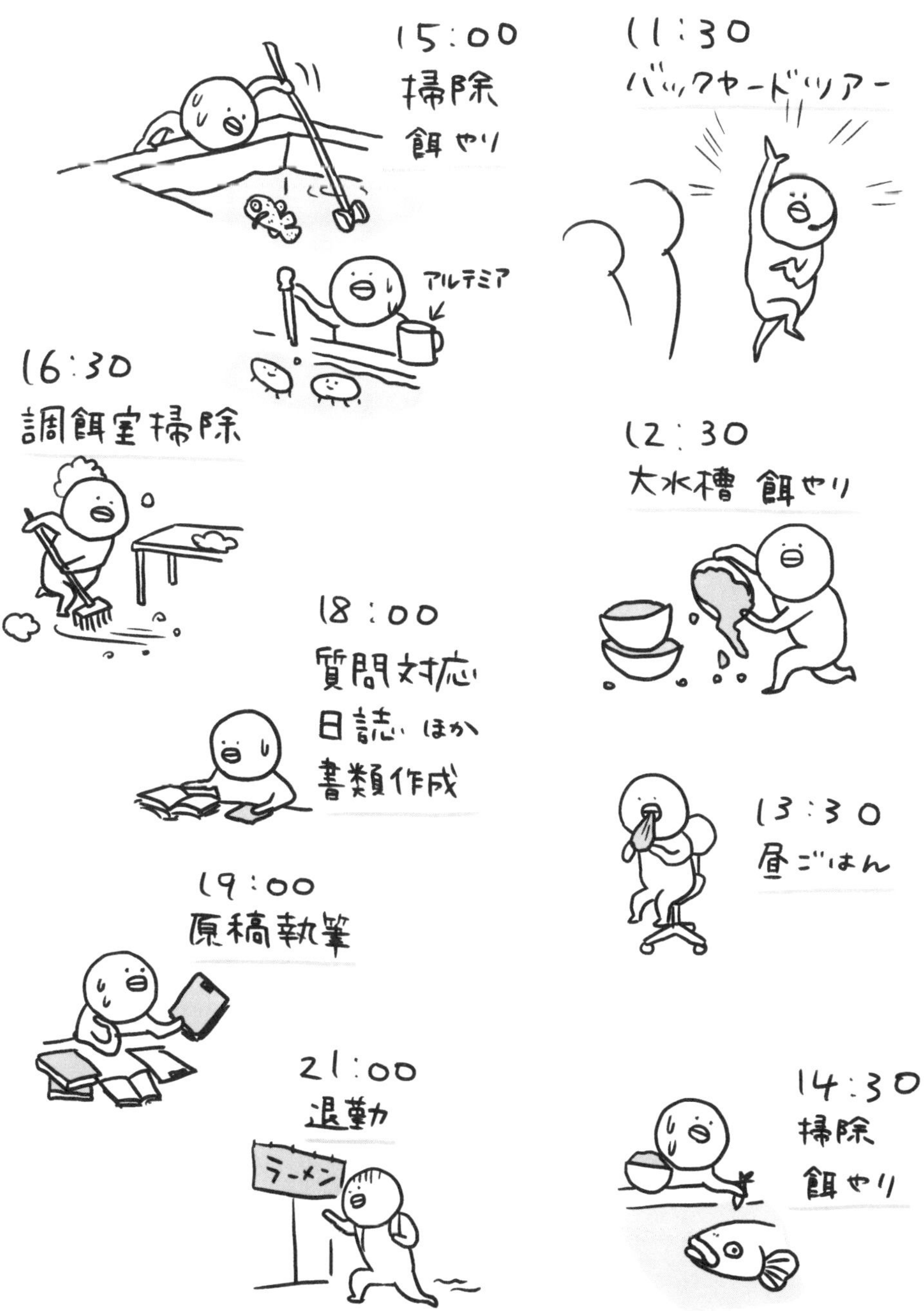
11:30
バックヤードツアー
12:30
大水槽 餌やり
13:30
昼ごはん
14:30
掃除
餌やり
15:00
掃除
餌やり
アルテミア
16:30
調餌室掃除
18:00
質問対応
日誌 ほか
書類作成
19:00
原稿執筆
21:00
退勤
ラーメン

水槽づくりは腕の見せどころ

理想の家づくり

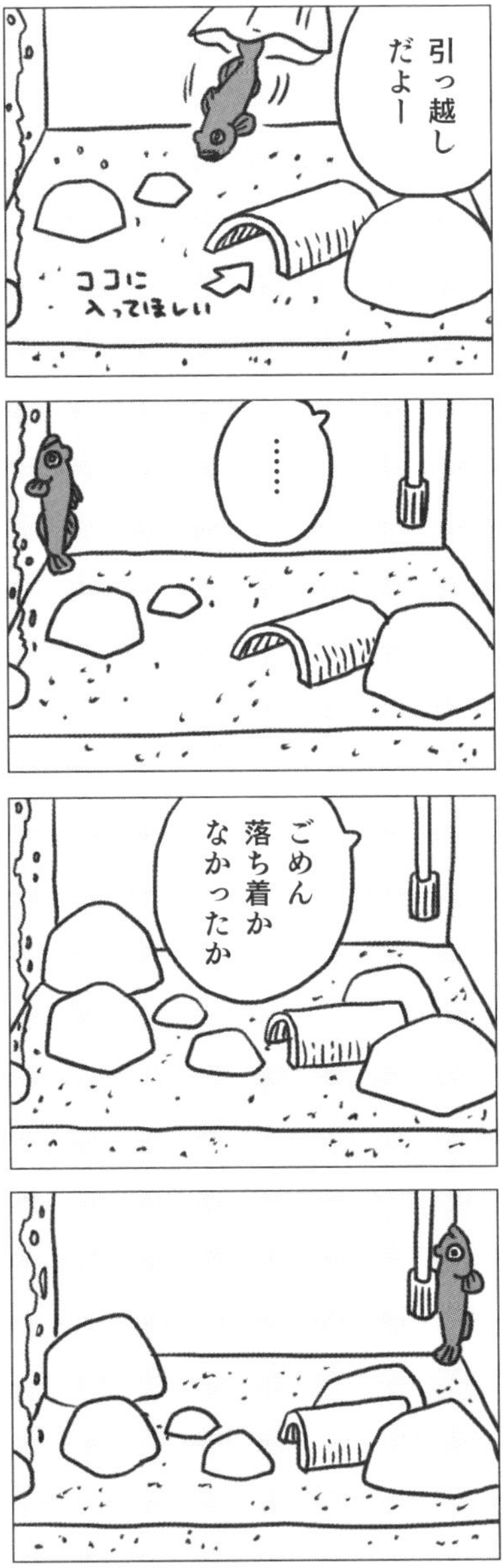

▲申し訳なくなる瞬間

楽しい採集

▲まぎれもなく採集

まずはここから

▲これが水槽づくりの入門編

「この生きものの魅力を、何とかして伝えたい」と思ったとき。その魅力を生かすも殺すも、飼育員の水槽づくり次第といえる。

水槽づくりはかなり複雑で難しい。それが建てつけの大きな水槽となるとなおさらだ。生きものの快適な環境を最優先したうえで、展示コンセプトにのっとり、砂や岩の種類、レイアウト、照明などを決め、さらに生きものの魅力がお客さんに伝わるように、創意工夫を凝らしてある。それが水族館の水槽なのだ！

しかしこれ、つくる側からすると、なかなかの無理ゲーなのである。ウツボ、タコのような穴が好きな種もいれば、ヒラメのように砂の中に潜るのが好きな種もいる。そして生きものどうしの相性の問題もある。もちろん水温や水質、照明、レイアウトの調整も必要だ。展示自体の特徴をあわせて考慮しなければならない。

素人《しろうと》飼育員がつくると、狙いどおりにいかないどころか、お客さんに生きものの姿すら見せられないこともある。

生きものたちの引っ越し

命がけリレー

イワシの搬入だ
バケツリレーするぞ
ハイ
バケツリレー……
ホイサ
イワシ
ウフフ
楽しそうだな
ダダダダダ
!?
イワシ+海水
5kg×2
遅い！
つまってるぞ！
か…
階段ん…

▲ヨコよりタテの移動のほうがしんどい

続　命がけリレー

またイワシの搬入だ
バケツリレーな
ハ…ハイ
階段は僕がやりますよ！
バイトの学生さん
ナイス！
じゃあ自分は
平地を!!!!!!
ダダダダダ
!?
お前
またか
距離ぃ…

▲ヨコの移動もしんどい

みんなの
アイドル登場

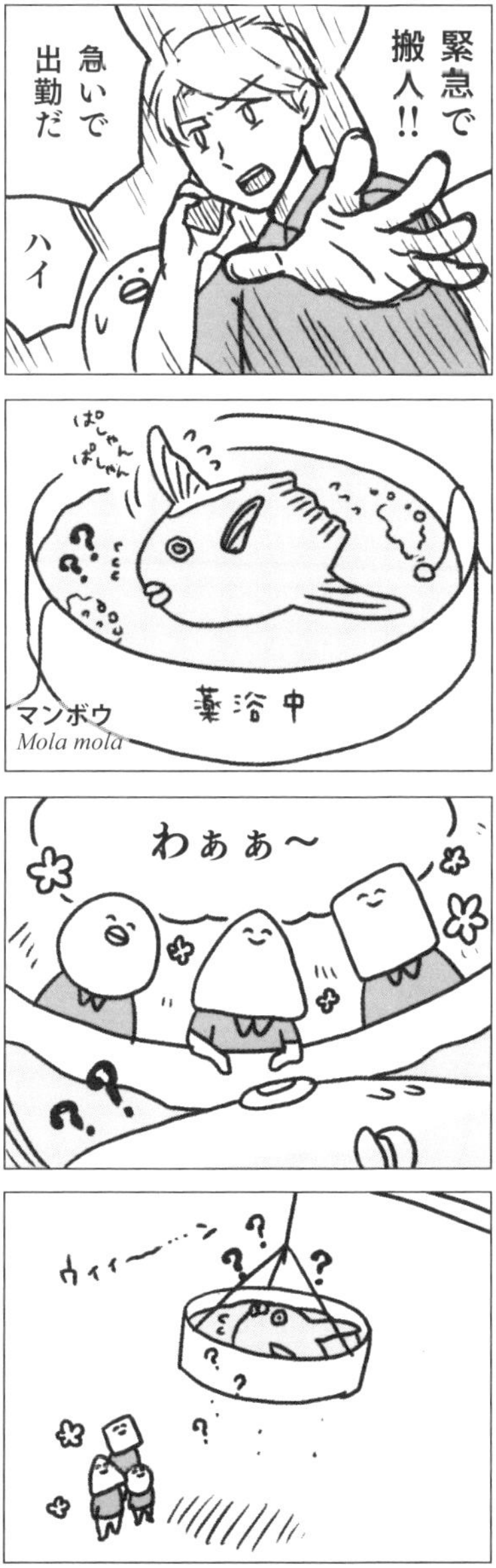

▲もっとも「？」が似合う生きもの

水槽に展示するためには、生きものを移動させる必要がある。仕入れのトラックからだったり、ほかの水族館からだったり、生きものたちがやってくる場所はいろいろだ。移動前後はその個体の状態を確認、移動中にもなるべくストレスがないよう管理する。それが遠い場所から水族館の中の水槽への引っ越しであれば、なおさら気を遣う。

どの水族館にも大きな搬入口があり、水ごと持ち上げるときや大型生物の場合、ホイストクレーンで持ち上げて館内へ移動させる。イワシの群れを目玉にしている水族館も多いが、その大量のイワシは、職員を総動員してバケツリレーで搬入する。バケツリレーという言葉を聞いたことはあるが、実際にやったことのある人は多くないだろう。これが想像以上に超ハードな肉体労働なのだ。重い、揺らしてはダメ、距離が長い、1秒でも早く移動しないと……でも手足が……飼育員もイワシも命がけだ。

無事移動ができたあとの喜びはひとしおである。

生きものはどうやって来るの？

ガラスの向こうの生きものたち。彼らはどんなルートを経てあなたと対面するのだろうか。彼らのやってきた道をたどってみよう。

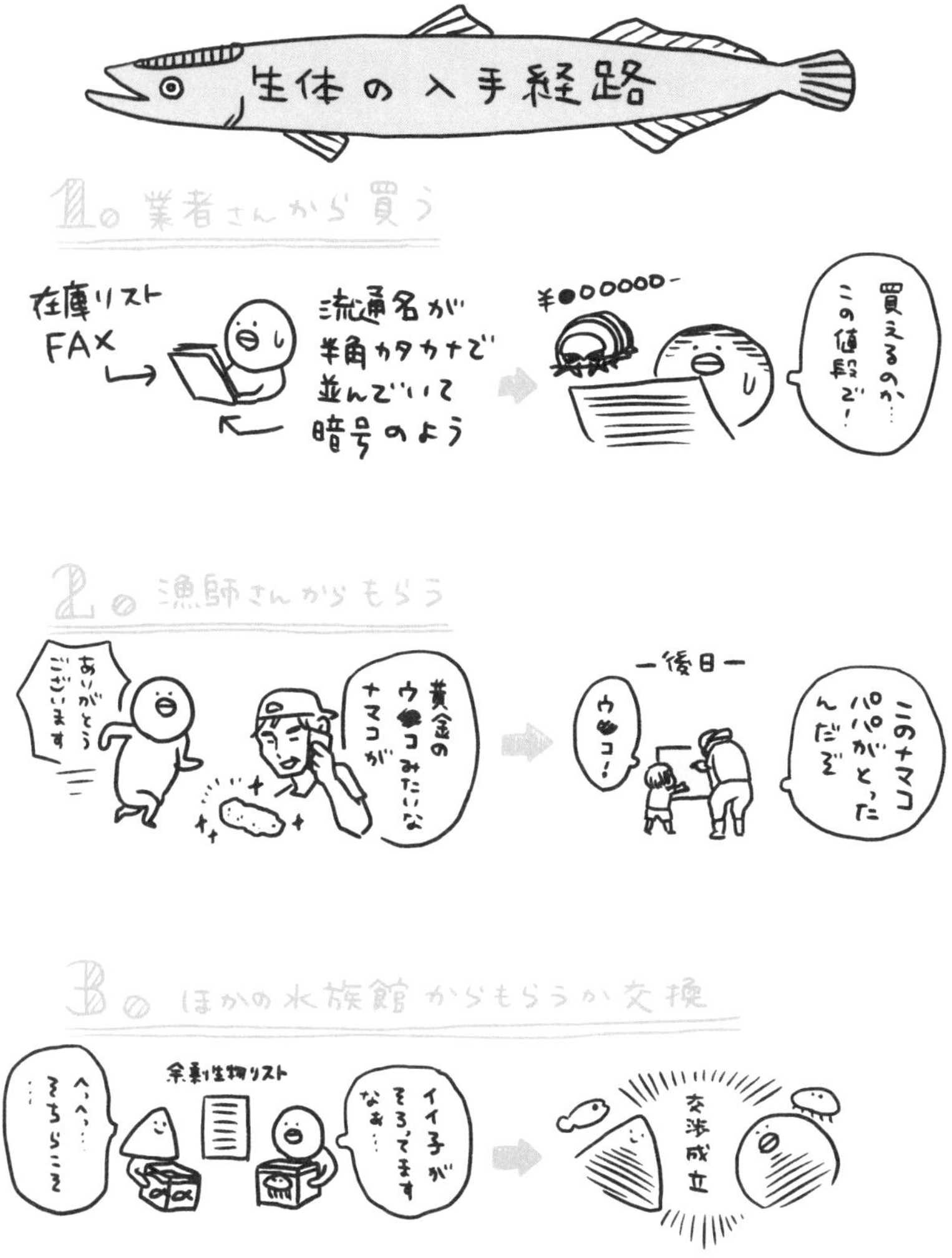

生体の入手経路
1の業者さんから買う
在庫リスト
FAX
流通名が半角カタカナで並んでいて暗号のよう
¥●00000-
買えるのか…この値段で！
2の漁師さんからもらう
ありがとうございます
黄金のウ●コみたいなナマコが
ー後日ー
ウ●コ！
このナマコパパがとったんだぞ
3のほかの水族館からもらうか交換
余剰生物リスト
へへ…そちらこそ…
イイ子がそろってますなぁ…
交渉成立
4の自家採集
食糧 or 展示

大きな生体の搬入

・デカめのホイストクレーンで持ち上げて館内へ

小さい魚の搬入

・大量の場合は
バケツリレー

・薬浴・水あわせなど
をしてから水槽へ

地獄のイワシリレー

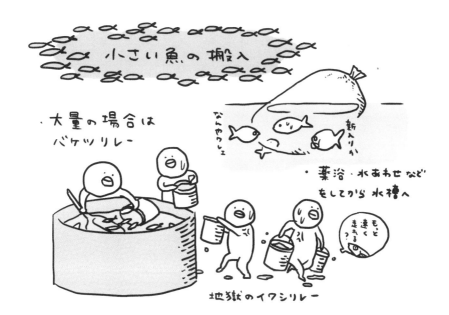

精神的にくる水槽管理

恐怖！バルブ操作

このボタン押してから
このバルブ閉めて
今度はそっち開ける
間違えると
ぶっ壊れて
魚死ぬ
ハイ……
次はこの
ボタン……
だな…
ヨシ！
……
ポチ
魚
死
ふぅ
………
バルブ操作
いちいち
怖い
死
サア…

▲操作してから10秒くらいは動けない

恐怖！巨大ろ過水槽

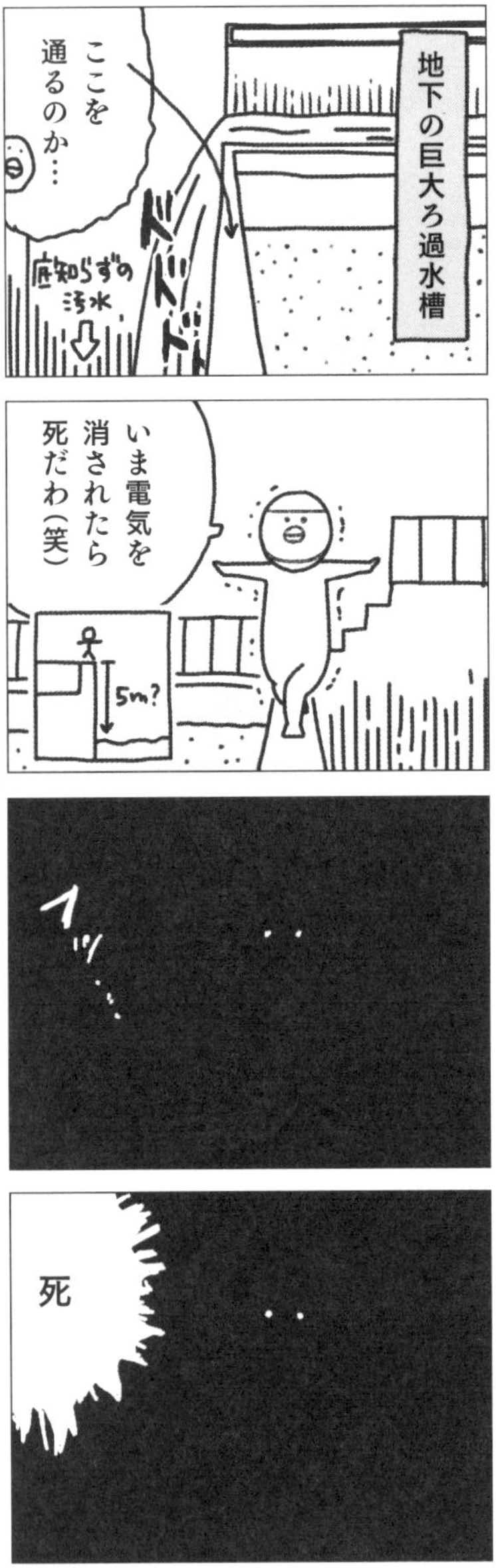
地下の巨大ろ過水槽
ここを
通るのか…
底知らずの
汚水
ドドドド
いま電気を
消されたら
死だわ（笑）
5m?
フッ…
死

→ダム穴のすぐそばを手すりなしで歩くイメージ

▲誰が消したのかはいまでも謎

ヤツが来る

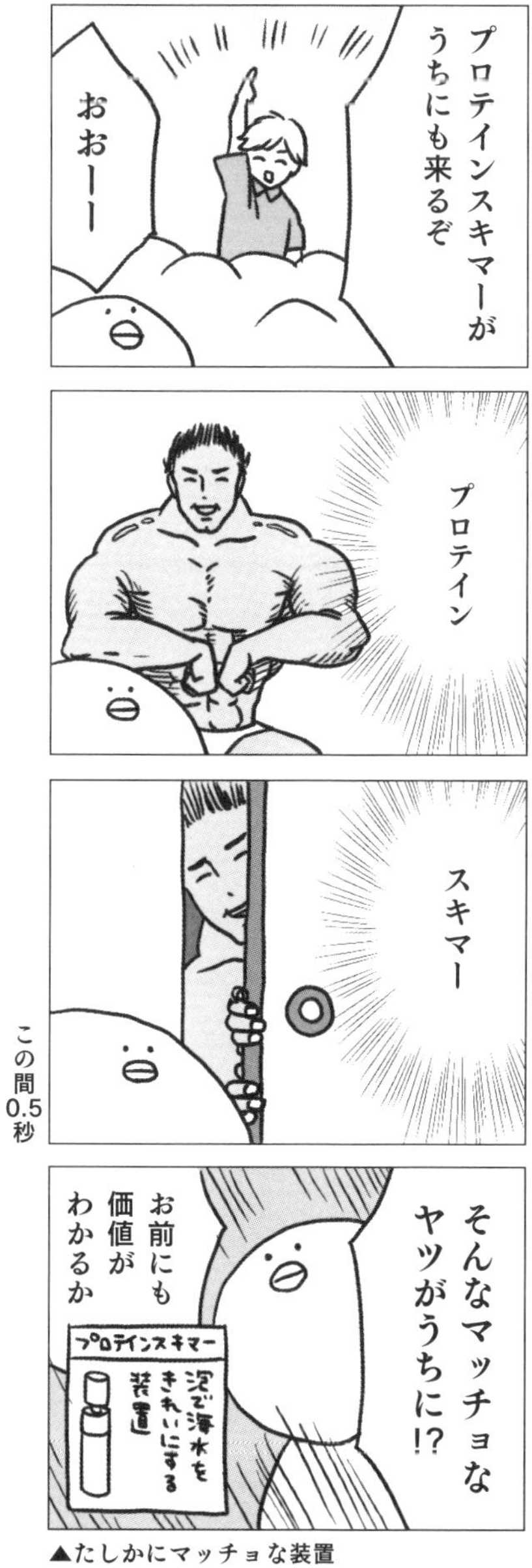

▲たしかにマッチョな装置

業務のなかでもっとも恐怖だったのが、水槽や水質の管理だ。これをとおして「環境をつねに同じ状態に保つ」ことの難しさを知った。

水質管理は、掃除や給餌《きゅうじ》と違って結果が目に見えないので、よけいに不安になる。また水槽の設備の規模はとんでもなく大きく、似たような配管がたくさん入り組んでいる。さらには、水槽によってしくみが異なるなど、とにかく複雑なのだ。

手順を1回でも間違えると、とんでもない水圧で設備が壊れたり、最悪生きものが死んでしまったりすることもある。失敗すれば生きものたちの命にかかわるから、その緊張感はとてもではないが言いあらわせない。

毎日どこかしらの水槽設備を操作するのにメモが手放せず、水槽を大爆発させることなく終えられるたびにほっとした。平気な顔をしてこれをいじることができる設備チームのみなさんを尊敬したものだ。

魔の迷宮、水族館のバックヤード

ダンジョン攻略

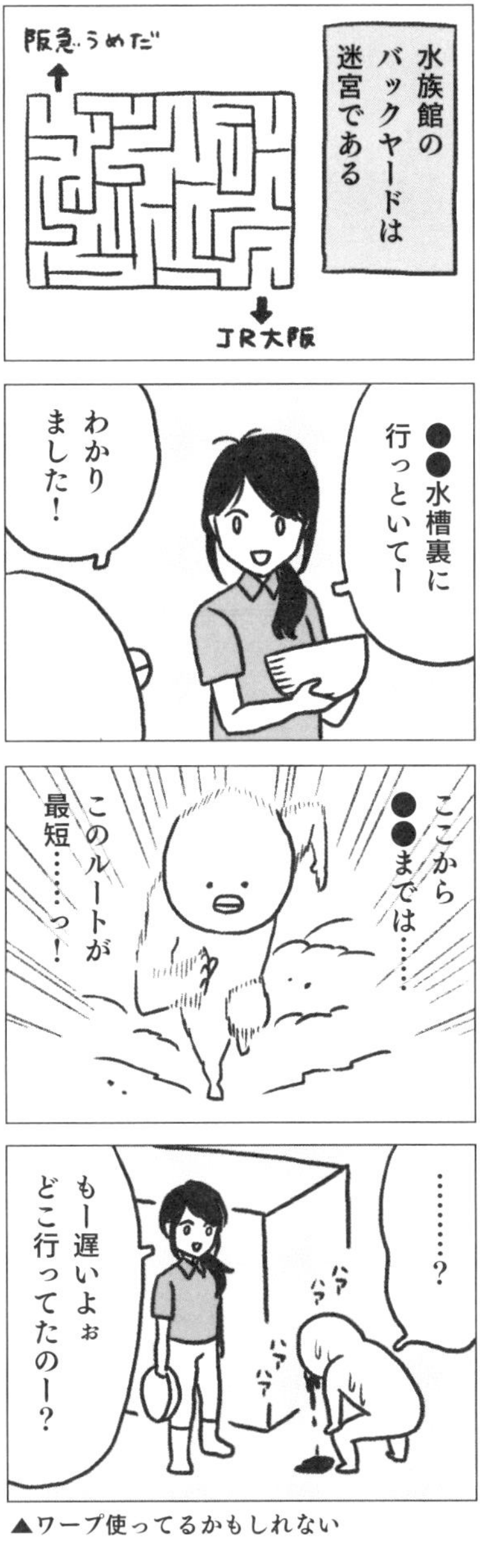
水族館のバックヤードは迷宮である
阪急うめだ
JR大阪
●●水槽裏に行っといてー
わかりました!
ここから●●までは………
このルートが最短……っ!
………?
ハァハァ
ハァハァ
もー遅いよぉ どこ行ってたのー?

▲ワープ使ってるかもしれない

突然の探索

ピー
カチ
最後のひとりが退出するときは、すべての扉が施錠されているか確認しなくてはならない
ウッ
どこの扉が…
イルカエリア
南側西出口
南なのか西なのか
← チームちがうからまったくピンとこない
ジャラ
マスターキーを…
ありすぎてわからん
ザッ
探索行くぞ!
終電まで残り15分
↑地図

▲我々は奥地へと飛んだ

シーキング飼育員

▲そうしている間に自分も行方不明に

大きな水族館は、そのバックヤードも巨大だ。そして複雑な迷路のように入り組んでいる。業務中にほかのスタッフから「●▲水槽の裏」と言われたとき、●▲水槽の位置、バックヤードの形状、どの扉がいちばん近いか、いまその鍵は持っているか、パッとわからなければならない。新人にとっては、この位置関係を覚えるのが最初の試練かもしれない。

さらには、バックヤードに携帯電話の電波が届かないことも。飼育員は無線機をつけているイメージがあるかもしれないが、無線機は数が限られているし、水の中に落としたら一発で壊れるので、全員がつけているわけではなかった。各所に固定電話があるが、その近くにいないことがほとんどだ。そういうわけで、迷宮のようなバックヤードを走りまわって飼育員を探すこともしょっちゅうなのである。

バックヤードに、何かいる？

試される通路

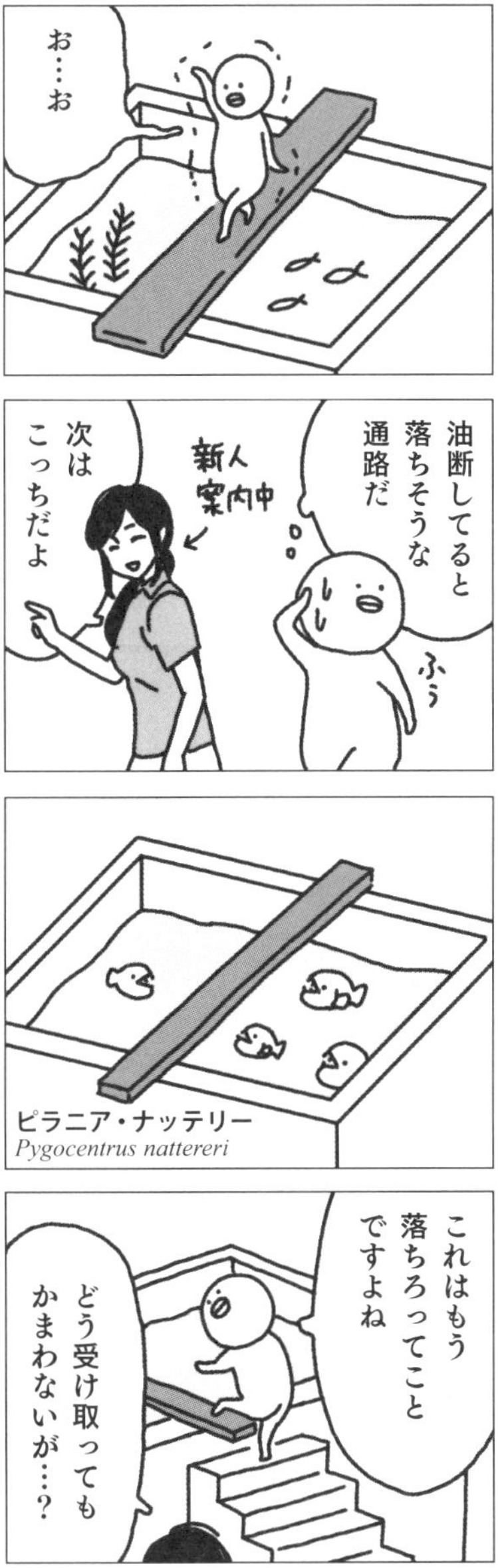

お…お
油断してると落ちそうな通路だ
新人案内中
次はこっちだよ
ふぅ
ピラニア・ナッテリー
Pygocentrus nattereri
これはもう落ちろってことですよね
どう受け取ってもかまわないが…？

▲用意されたステージ

借りぐらしの施設ッティ

施設
こんなところに階段が…
屋根裏に行けるんだ
足場が心もとなくなってきた
いまこのへんだよ
ギシ
ん……？
え？
ブランケット
休むのにちょうどイイんだよ
ア…アワ…

▲勇者の宿泊所

侵入者たち

▲上司はスズメバチと決闘していた

人が活動できる環境ではない、というのがバックヤードをはじめて見たときの感想だった。複雑で狭く、階段が急で、暗い。東大寺《とうだいじ》の柱くぐりや善光寺《ぜんこうじ》のお戒壇《かいだん》めぐりを彷彿《ほうふつ》とさせる。さらに湿度は高く、手すりはベタベタ、水や機械の音がうるさく、何らかのにおいが充満しており、とくに夏は地獄の様相を呈している。水槽の上に置かれた通路がわりの木の板がまた細く心細い。あまり大きいといざというとき邪魔になるからだと思われる。少なくとも2人はその板から落ちていた。

そんなバックヤードも住めば都（?）で、水の音や生きものの気配に囲まれた落ち着く空間、ととらえられなくもない。廃墟や工場が好きな人ならハマること必至である。個人的にはバックヤードの不快感を凝縮したような地下設備が好きで、配管の隙間や、暗い水槽の底に興奮したものだ。

一方で、ふだん人が入らないエリアがほとんどで、建物が古すぎるのもあり、人知れず珍客がやってきたりもする。水族館のバックヤードはまさしく迷宮といえるだろう。

迫力満点！バックヤード案内

水族館では大量の水を扱う。その装置の「大規模」感といったら、想像を絶するものがある。不思議な魅力を放つ水族館のバックヤード、ご覧あれ！

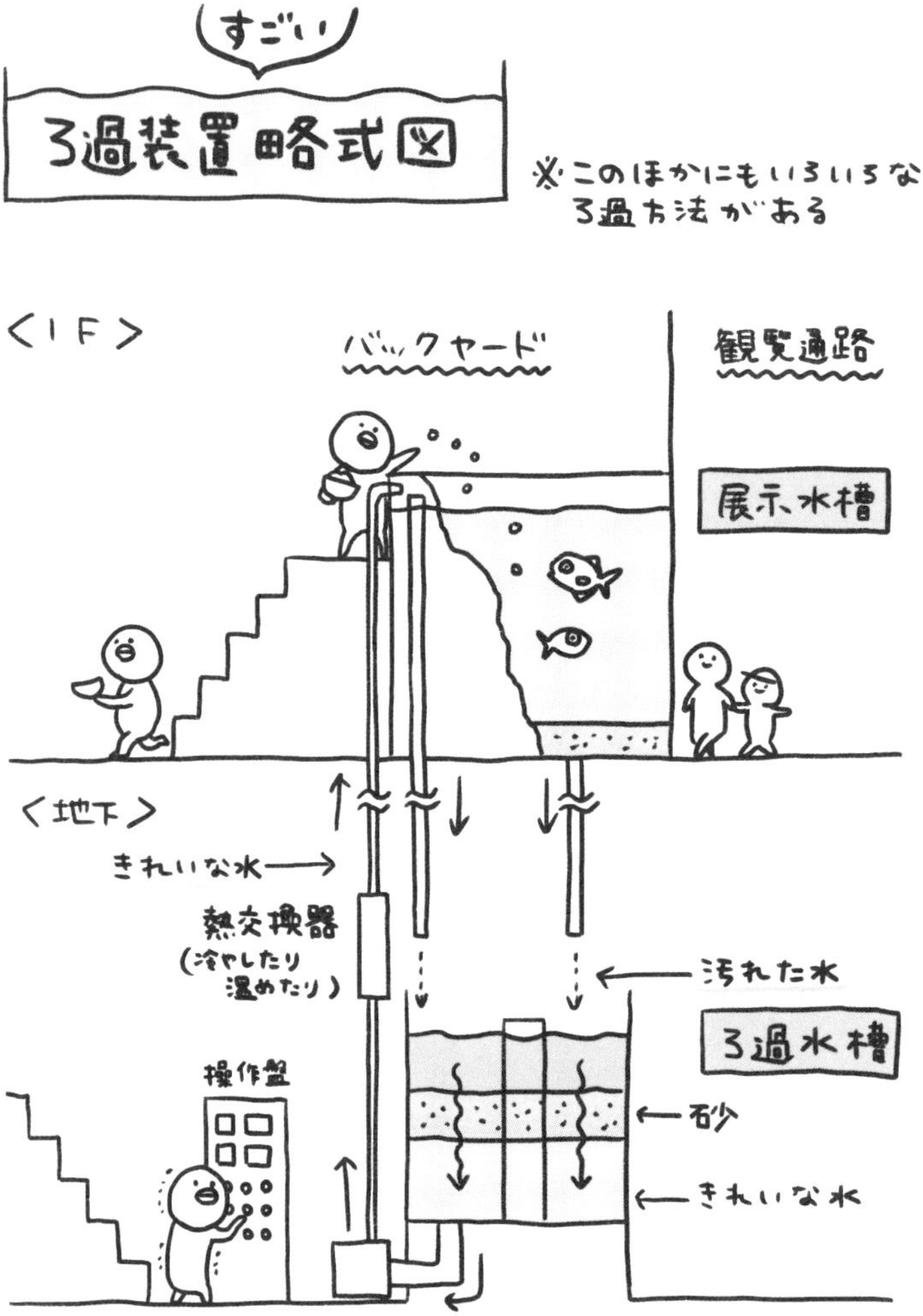

すごい
ろ過装置略式図
※このほかにもいろいろなろ過方法がある
<1F>
バックヤード
観覧通路
展示水槽
<地下>
きれいな水
熱交換器
(冷やしたり温めたり)
汚れた水
ろ過水槽
操作盤
砂
きれいな水

逆洗
コワイ
ゴオオオオオ
「ダム穴」ができる
たまにろ過砂をきれいにするため下から大量の水を噴き上げて汚れを浮かし流す

本当にあった怖い地下設備

地下設備のひとつ 取水槽《しゅすいそう》 (海から直接海水を取りこむ水槽)

※あまりの異様さに「神殿」と呼んでいた
(先輩は「マーライオン」と呼んでいた)

⚠地下設備の怖いポイント⚠

① 圧倒的水量

巻きこまれたら終わり

② 爆音

叫び声も届かない

③ 暗さ

もやがかっていて頼りない

④ 高い湿度

不快指数MAX

⑤ 潮のにおい

何かがいるような感覚

⑥ 緊張感

ミスったら破壊・死

次第にクセになり笑いながら地下を徘徊《はいかい》していた
↓

地下神殿の狂信者

水族館には「よく出る」らしい

ひとりじゃない

ひとりで展示設営中
バタン
おーい
やってる?
こっちも
見てってよ
いや
そっちはダメ
右上のすみに
何か……いる
じゃ
頑張って
ギィ…
ウソだろ?

▲ついさっきそこに展示物設置した

3人いる

おつかれさまです
あっ
おつかれさま
…………
でーす…
あれ? ほかに
誰かいますよね?
いや?
おれとお前だけ
みんな帰ったけど?
おれも帰る
……お願い…
行かないで…
ハァ? キモ
やだよ

▲ツンとデレの応酬

パラノーマル アクアリウム

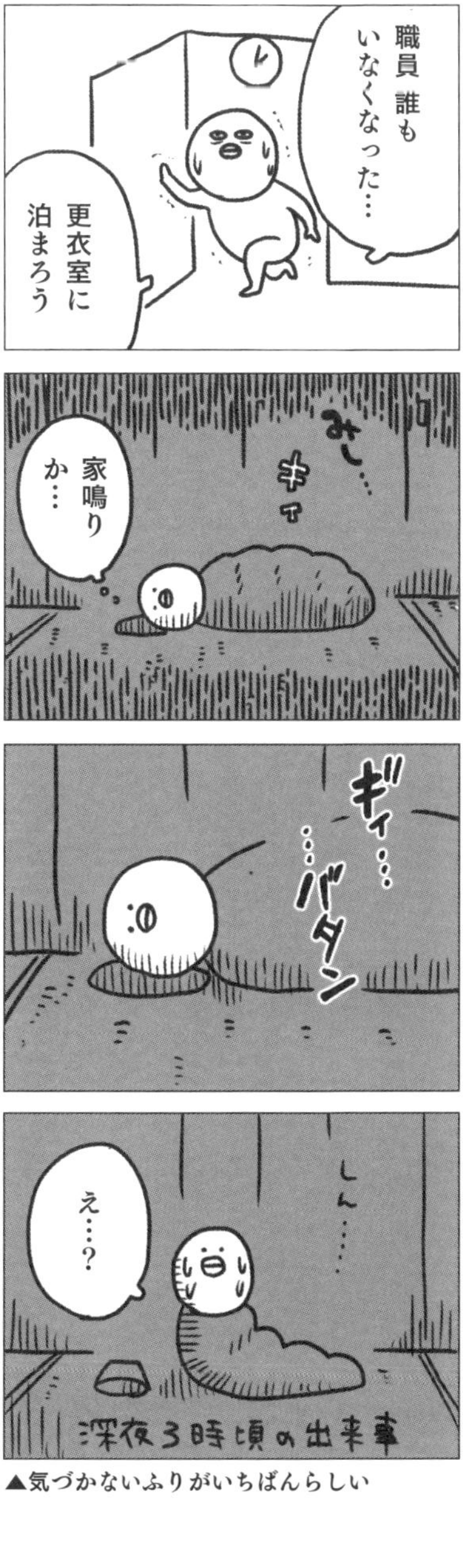
職員 誰も
いなくなった…
更衣室に
泊まろう
みし…
キィ
家鳴りか…
ギィ…
…バタン
しん…
え…？
深夜3時頃の出来事
▲気づかないふりがいちばんらしい

「水場には幽霊が出やすい」とよく言うが、水族館もそうかもしれない。

たまに霊感のある職員がいると、「調餌室《ちょうじしつ》におじさんが立っていて返事をする」とか、「地下の階段に小さな男の子が座っていた」とか、リアルな話をしてくれることがあった。水族館に限らず、どの場所にもそういった怪異が出現することがあるだろう。しかし霊感ゼロの筆者でも、暗い通路の先を何かが横切ったような気が何度もしたくらいなので、やはり水族館は特別だったのではないかと思う。

夜の海はあやしく、引きずりこまれそうになる。勤務先の水族館は海と直接繋がっていたから、よけいに何かがうごめいていると思ったのかもしれない。ただ単にフナムシが歩いていただけかもしれないが。

もし水族館で不思議な体験をした方がいたら、ぜひ教えていただきたい。

夜の水族館は異世界への入り口

夜の水槽

おつかれさまでーす
ア…ア……

▲結局はヒトがいちばん怖い

憧れのお泊まり

水族館に泊まるときもあるが、宿直室はない
どこで寝るかそれが問題である
大水槽の前で寝ちゃおっかな
魚たちに囲まれて神秘的な夜を過ごせそう…
←寝袋
怖い!!

→作業終了後は全館消灯

▲インスマウスの影

緊急出動

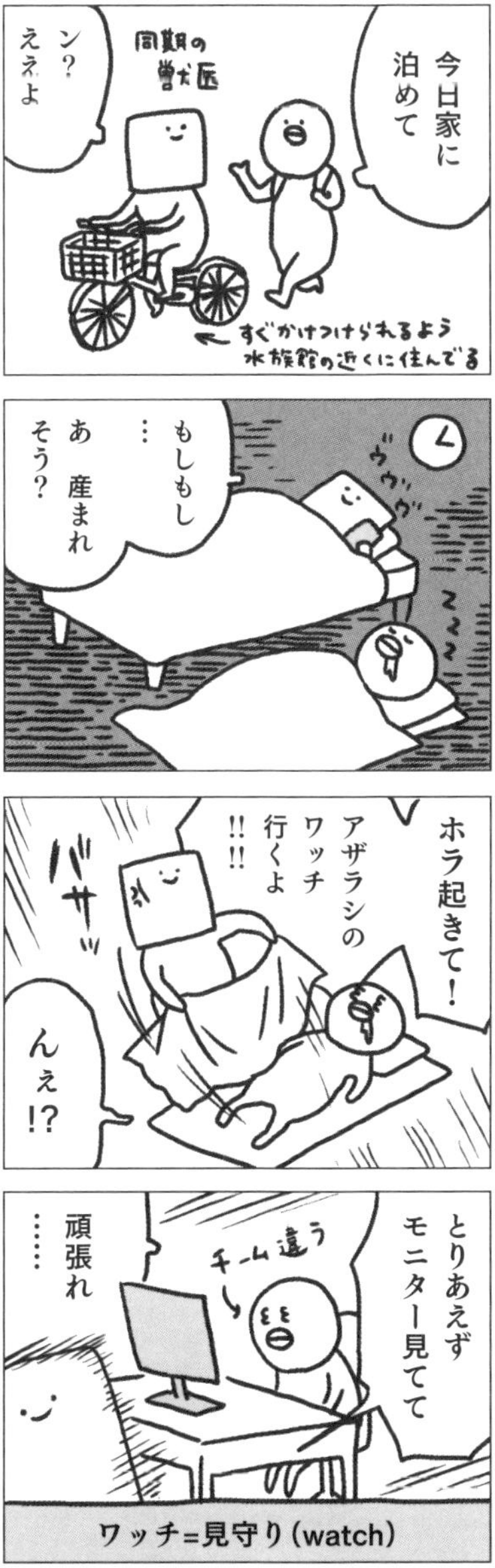
今日家に泊めて
同期の獣医
ン？ええよ
すぐかけつけられるよう水族館の近くに住んでる
ヴヴヴヴ
もしもし…あ　産まれそう？
ホラ起きて！
アザラシのワッチ行くよ!!!!
バサッ
んえ!?
とりあえずモニター見てて
チーム違う
頑張れ……
ワッチ＝見守り（watch）

▲無事産まれました

「水族館の飼育員って泊まり勤務あるの？」とよく聞かれるが、筆者が働いていた水族館では定期的な夜勤はなかった（園館による）。ただし、泊まることはある。お泊まりのイベントを開催するとき、生きものの出産や病気などで目が離せないとき、そして哀しいかな、仕事が終わらなくて帰れなくなったときなどである。泊まるときは、（宿直室はなかったが）更衣室や会議室などで寝ることもあるし、お泊まりイベントでは水槽の前で寝る。

全館消灯後の水族館は、昼間とはまったく違った顔をしている。暗闇に生きものの目が光っていて、急に彼らが「向こう側」に行ってしまったような感覚だ。夜の水族館、機会があればぜひ体験してみてほしい。なお、どの園館のお泊まりイベントも、安全のためある程度の明るさは確保されていると思うので、安心して楽しんでいただきたい。

水族館のイカれたメンバーを紹介します①
（の一部）

イシガキフグ

ヒレをきれいに動かしながら泳ぐ人はみなヒラヒラしたものが好きなんだなと思いながら見てしまう

タマカイ

何かを考えていそうでまったく何も考えていなさそうな顔

デバスズメダイ

きれいなエメラルドグリーンの体色が目立つが「出歯」と名付けられてしまう

アイゴ

英名「Rabbitfish」
ウサギなワケあるか！と言いつつ見ているとウサギに見えてきて怖い

メバル類

アカメバル・シロメバル・クロメバルの見分けが難しすぎるヤバイ三連星

バンドウイルカ

（個体によるが）つねにヒトにちょっかいを出してやろうというオーラを感じる

ウミヘビ類

自分のことを魚だと思っているような顔をしている

オニオコゼ

隠れるのが上手すぎて本当に見失うことがある

ウツボ類

触るとすごく気持ちイイが触らないでください
（歯がスゴイよ）

ウミガメ類

自分のことを人間だと思っているような顔をしている

マツカサウオ

プラスチックのおもちゃのようなカワイさ

コンゴウフグ

ピコピコピコ

第2章

探究する飼育員

楽しく学べる社会教育イベント

突然の選択肢

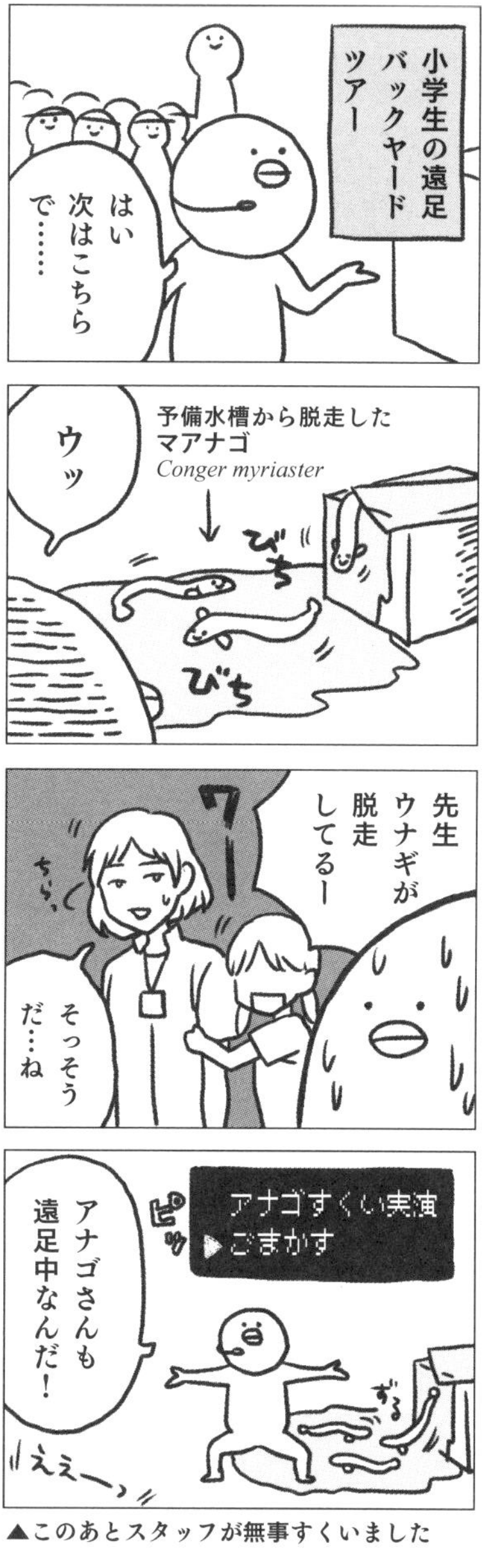

小学生の遠足 バックヤード ツアー
はい 次はこちら で……
ウッ
予備水槽から脱走した マアナゴ Conger myriaster
びち
びち
先生 ウナギが 脱走 してるー
ワー
ちらっ
そっそう だ…ね
ピッ
アナゴすくい実演
▶ごまかす
アナゴさんも 遠足中なんだ！
ずる
えぇ～っ

▲このあとスタッフが無事すくいました

飽くなき欲望

水族館で叶えたい 夢を募集
子どもの夢は 「イルカと泳ぎたい」が ほとんどだけど
大人の夢は…？
釣り
釣りがした～い
大水槽で 釣りして みたい
つり
釣
なるほど…
GT 釣りたいです (サメでも可)
いや 釣り以外 ないのか…
これは どうかな
釣る。 そして寿司にして 食べる。

▲大水槽では驚くほど釣れます

学校や家庭以外での教育のことを、社会教育という。「楽しんでいるうちにいつの間にか学びを得ていた」というのが、博物館の社会教育の特徴だ。水族館を最大限に活用してもらうため、各園館でいろいろな教育プログラムを用意している。筆者は飼育員を経て、この社会教育の担当となった。各種プログラムを実施したり企画したりするためには、生きものの知識が不可欠となる。

　教育プログラムのなかでもっとも人気なのはバックヤードツアーで、ほぼやらない日はなかったと思う。調餌室《ちょうじしつ》やたくさんの生きものがいる予備槽などをまわったり、展示槽を上から見たりすることもできる。担当する職員によって解説が異なるのも、このツアーの醍醐味《だいごみ》だ。筆者は学びを得てもらいつつ、いかにしてお客さんを笑わせるかに職員生命を懸けていた。どスベりした日にはホゾを噛んだものである。

　ほかにもいろいろなプログラムを行ったが、ヒト（お客さん）とのコミュニケーションを楽しむことができた。

観察会

川の観察会はサポートだけでいいですけど、一応この生物リスト参考にしてください
川のことはより一層わからない↓
せんせー この虫何？
それは…カクツツトビケラ！
この魚は？
ごめん…別の先生に聞いてみて…
せんせー これは？
ニンギョウトビケラ！
ふっふ…
←水生昆虫専門

▲水昆という沼ジャンル

イベントは未知の扉を開く

●IKENからの刺客

プラナリアを切る学校団体向け教室やります！
あ…あらかた勉強しましたし
切ると分裂するプラナリアは、再生医療分野などで研究対象になる奥深すぎる生物である
申し込み来るとしても小中学校だろうし、大丈夫だろう…
今日はよろしくお願いします○○高校です
引率の先生
ちな僕、昔R研でプラナリアやってましたw
→謎の軽さ
ヒ……
おもしろそうなイベントありがとうございます！

▲終了後「よかったです」と言われた

おみやげ

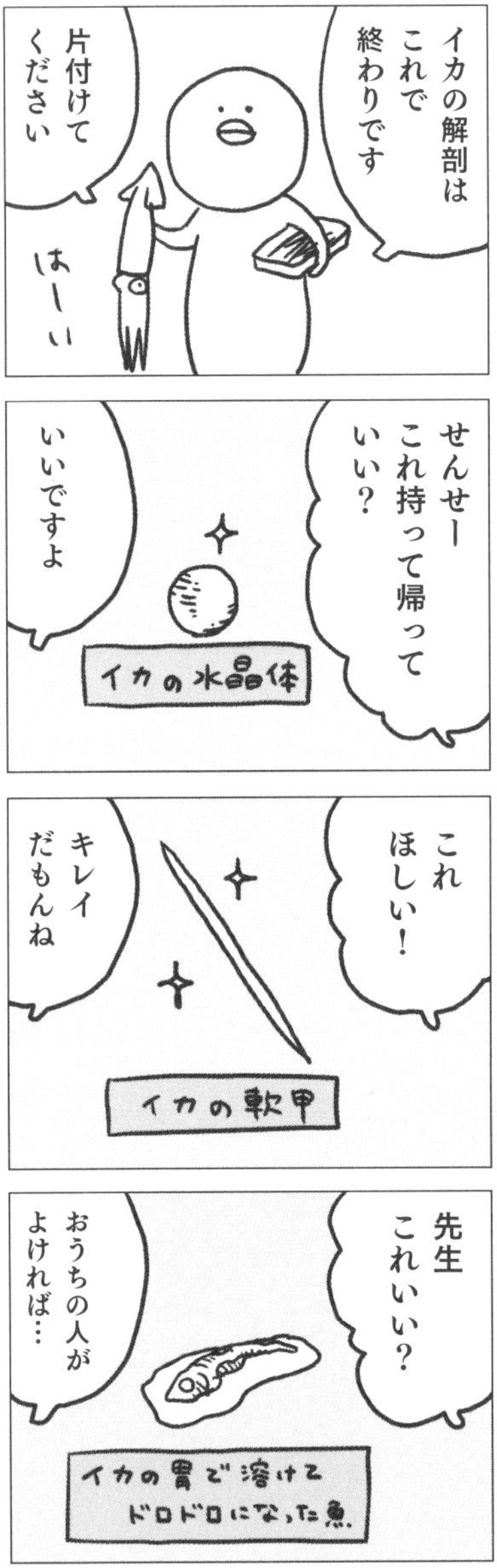
イカの解剖はこれで終わりです
片付けてください
はーい
せんせーこれ持って帰っていい？
いいですよ
イカの水晶体
これほしいい！
キレイだもんね
イカの軟甲
先生これいい？
おうちの人がよければ…
イカの胃で溶けてドロドロになった魚

▲確実にくさいのでよく相談しよう

ガチ小学生

ウミガメプールのお掃除体験
カメさんの背中、よしよししてもいいですよ
わー!!!
カワイ～!
…ん?
ちょ…
罪悪感
体験……
ゴシゴシ
▲おかげさまできれいになりました

イカの解剖、川や海の観察会などのレクチャー方式のイベントは、学校やこども会などの団体のみなさんがよく利用してくれた。ただ団体利用の宿命というか、必ずしも全員が乗り気ではなく、「無理やり連れてこられました」的な空気の悪い状態から始まることもしばしばである。それでも最後にはおおむねみなさんに満足していただいたと思う。

一方、参加者のなかにはガッチガチの本気で臨んでくる真の生きもの好きの方もいたので、こちらも身の引き締まる思いであった。イベントの対象は子どもが多くなりがちだが、大人向けのプログラムも用意すると、解剖するのは学生時代以来です、という方もいらして、うれしくなった。

お客さんの反応もいろいろとあり新鮮で、お互いに学びを得ていたということになるだろうか。

「生きものにタッチ」で活躍してくれるいつものメンバー

体験しなきゃ損！水族館のイベント

水槽を眺めるほかにも、水族館にはいろいろな楽しみ方がある。各園館でさまざまなワークショップやツアーを行っているので、ぜひチェックしてみてほしい。

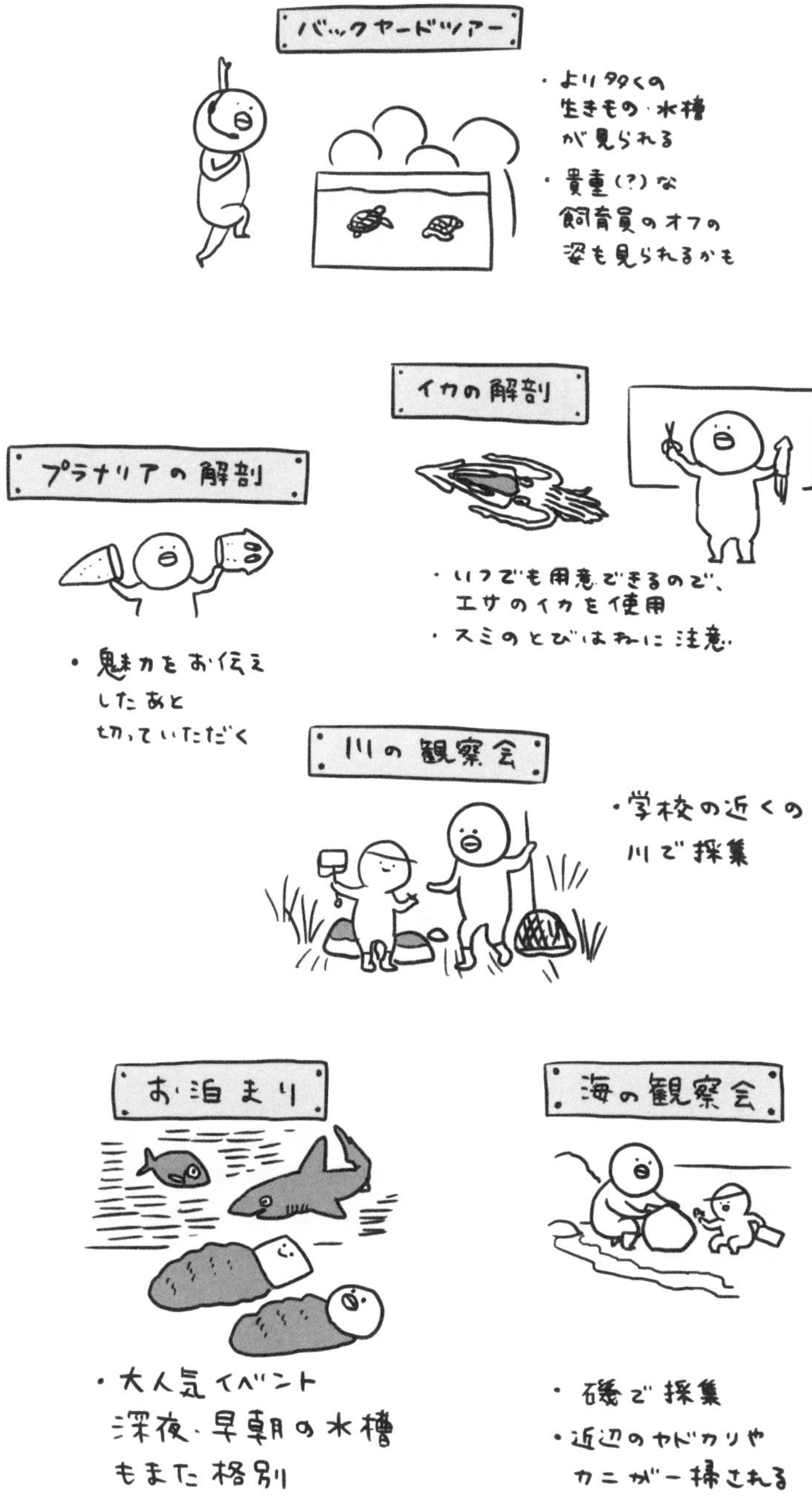
バックヤードツアー
・より多くの生きもの・水槽が見られる
・貴重(?)な飼育員のオフの姿も見られるかも
イカの解剖
・いつでも用意できるので、エサのイカを使用
・スミのとびはねに注意。
プラナリアの解剖
・魅力をお伝えしたあと切っていただく
川の観察会
・学校の近くの川で採集
お泊まり
・大人気イベント 深夜・早朝の水槽もまた格別
海の観察会
・磯で採集
・近辺のヤドカリやカニが一掃される

サメの解剖
・定番イベント
・生きものごとの餌と食べ方の違いに着目
餌やり
・たまたま入手できたサメで行うレアイベント
生きものにタッチ
・アザラシ、ヒトデ、サメ、トカゲなど
ミニレクチャー
ウミガメ水槽の掃除
・お客さんに掃除を手伝ってもらう感
・各飼育員が独自ネタを用意
イルカと握手
・イルカのドヤ顔
イルカライブ
・イルカのさまざまな能力を知ってもらう

ややこしさの極み！名前のあれこれ

君の和名は。

コウライアカシタビラメ
Cynoglossus abbreviatus
あの ヒラメの水槽 なんですが…
んー？
この水族館に「ヒラメ」という名の生物はいないぞー？
ヒッ…
ニホンスッポン
Pelodiscus sinensis
あの… ニホン スッポンの ことなんですが
あ えーと
ニホンかチュウゴクか わからないんで
スッポンで いいです
生物名に 地雷多すぎ

▲薬師如来と阿弥陀如来の混同的な

哀しい思考回路

モクズガニ
Eriocheir japonica
どうします？ このモズクガニ
モズク……
あっすみません
エヘ……
あっちに 入れといて
ハイ じゃあこれは…
あ…これ また間違えるやつ…
口に出す ときは 慎重に……
……マナコ…
アカナマコ
Apostichopus japonicus
おもしろくないのに 何で2回ボケたの？

▲気をつけようとするとよけいにダメ

バベルの海

手書きイラストのチェック
タマカイ yg
タマカイ sg
ダイバーさんがよく使う
「yg」は幼魚のことだよね、でこの「sg」て何？
seigyo 成魚です
もしかして ygって「yogyo」って読むと思ってる？
young のほう
ようぎょ！ようぎょ！
▲諸説あるとかないとか

専門分野には独特の表記ルールがあるのが世の常。生物学では、種名がそのひとつである。ややこしいことに、1匹の魚でも、学名、地域名、流通名と複数の名前をもっているのだ。出世魚のように大きさで呼び名が変わることもある。有名なのがブリだ。ブリの学名は *Seriola quinqueradiata* とひとつだが、大きさと地域によって名前が変わる。40㎝だとイナダ（関東）、ハマチ（関西）、ヤズ（九州）、60㎝だとワラサ（関東）、メジロ（関西）、コブリ（九州）などとバラバラで、80㎝になるとやっと全国で統一されてブリになる。

そして学名のルールがまた厳格かつ複雑だ。ただでさえ馴染みの薄いラテン語なうえに、末尾に命名者や公表年がついたりつかなかったり……。そして学名を表記するときは、斜体（斜体にできない場合は下線）にしなかったらエライことになる。

飼育員になって間もない頃は、和名ですらおぼつかなかったので、先輩たちには恥ずかしく、また大変申し訳ないことをしてしまった。

種を特定する「同定」という難問

フルカタさん

最近
調子悪いみたいなんですよ
古堅《ふるかた》
私
やっぱり好きだなあ…
古堅《ふるかた》
こんなにも淡水チームに愛されている古堅《ふるかた》さんって誰なんだろう
会ってみたいなあ
ポポンデッタ・フルカタ
Pseudomugil furcatus

▲語調が最高

アナログ検索

この魚、この本で同定してみて
ひっ
ズム
こっ…この分厚さ………
日本産魚類検索
大正新脩大蔵経
國史大系
徳川實紀
大漢和辞典
→自分の研究で使ういつもの本のみなさん
お手の物!!!!!!!!
このあと無茶苦茶苦労した

▲復刊希望

採集や調査をしたときは、その生きものの名前を判別する、いわゆる「同定」を行う。たとえばひとつのナマコが見つかったとき、それがマナマコなのか、アカナマコなのか、エクレアナマコなのかを見極めて決めるのが同定だ。

「水族館の飼育員たるもの、同定ができて当然」と思われる方もいるかもしれないが、同定は予想以上に奥が深いようで、長年のプロであっても四苦八苦するらしい（門外漢が同定について具体的に記述するのはあまりにも危険なので控えさせていただきます）。

ときどき、一般のお客さんから写真が送られてきて、「これは何ですか」と同定の依頼をされることがある。たいていがサッと撮った写真なので、同定するのは大変難しい。可能な限りお返事していたが、なかには「んん？？」と思わせる写真もあった。これはついにＵＭＡ《ユーマ》（未確認生物）が捕《ほ》捉《そく》されたのか、既知の生きものが変な写り方をしただけなのか……世界はまだまだ広いことを思い知らされた。

目撃情報

▲カッパを捕まえたら遠野市へGO

「採集」で飼育員は生き返る

クラゲキャッチャー

あのクラゲを採ります
ハイ…
どうやって？
ヒュン
・ねらったところに投げられない
・バケツが沈まない
スイスイ
ズルッ
・上からだと深さがわからない
・波で動きが読めない
ネ？
いやこれ実際やると激ムズなヤツゥ〜！

▲死にかけのヤツ1匹取れた

弱者VS弱者

今日の採集はこれをねらうぞ とくにアサリ頼む
ハイ
ヨモギホンヤドカリ
Pagurus nigrofascia
難易度★★
R
アサリ
Ruditapes philippinarum
難易度★★★
SR
ホンヤドカリ
Pagurus filholi
難易度★
N
この採集地のレア度
うう…アサリ全然採れん…
あっ ヤドカリ
トコトコ
3時間後
け…けっこう採れました
おっ 見せてみろ
ずしっ
……お前な…
ほぼホンヤドカリ
ワサッ
強者には弱い分 弱者には容赦ない それが採集初心者なのだ

▲大事に飼いました

続　弱者VS弱者

採集
ゴロ
うじゃ…
プラナリア
（ナミウズムシ）
Dugesia japonica
筆
フ…
フハ…
フハハハハハ!!
キャ
先輩
せっせ
弱者に対してはホント強気だね…

▲至高の時間

新しく生きものを迎える方法はいろいろとあるが（↓48ページ）、お手軽なのは自分で採集しにいく方法である。ただし、大物よりはフィールドの調査をかねてナマコやヒトデ、クラゲや小さい魚などの小物をせっせと集めることのほうが多くなる。

フィールドへ出て採集している間は、日常業務ですりきれている飼育員たちも子どものように輝いて見えた。

飼育員はそれぞれ、素人《しろうと》が一朝一夕《いっちょういっせき》では会得《えとく》できないワザをもっている。とくに投網《とあみ》がきれいにできるのは非常に憧れたが、何度教えてもらってもただ網を水中に投げ捨てているだけになってしまう。結局ヤドカリやプラナリアといったかんたんに採れる弱者を集めるので精一杯だった。

プラナリアはきれいな小川の上流で、石の下などに隠れてすんでいる。石を持ち上げて、絵筆でやさしくこそげ取るとおもしろいように取れるので、みなさんも挑戦してほしい（ただし飼育しないなら石を含めやさしく戻してあげてください）。

フィールド調査は命の洗濯

あやしい生きもの

クサフグは5～8月、波打ち際でいっせいに産卵する
ぱちゃ ぱちゃ
クサフグ
Takifugu alboplumbeus
警戒されないよう観察時は身をかがめてじっと待つ しかも毎日来るわけでもない
ママー
カサ…
ザザ
PM 6:00
ザパァ…
PM 7:00
今日は来なかったな…帰るぞ
ハイ…
未だ謎の多い生きものである
PM 8:00

▲殺気を見せないのがコツ

釣り沼

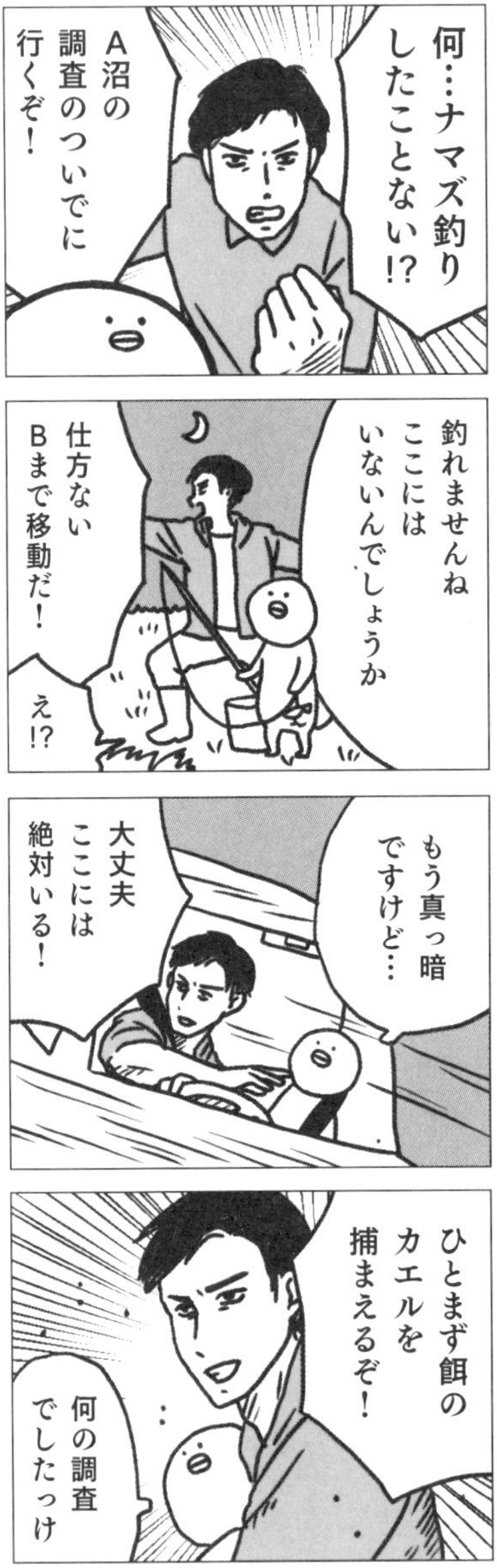
何…ナマズ釣りしたことない!?
A沼の調査のついでに行くぞ!
釣れませんねここにはいないんでしょうか
仕方ないBまで移動だ!
え!?
もう真っ暗ですけど…
大丈夫ここには絶対いる!
ひとまず餌のカエルを捕まえるぞ!
何の調査でしたっけ

▲結局ウナギ捕まえた

出張の楽しみ

出張仕事終わったぞー！
食べログ3・8のラーメン屋ランチ行きましょう！
AM 11:30
その前に一応、この川何がいるか見ておきますか
PM 0:30
PM 1:00 昼休み終了

▲許可はとってます

飼育員は、忙しい業務の合間をぬって、各々が決めたテーマ（園館によると思われるが）のもとに調査研究を行う。学生時代からのテーマを追究する人もいれば、新しい課題を与えられ、試行錯誤しながらアプローチを始めるという例も。いずれにせよ、まとまった時間はあまりとれないので、思いどおりに進まないのが難点である。

結果を論文にまとめるにしても同じだ。現場に出ずっぱりでまともに机に座っている印象がない職員が、いつのまにか論文を出していると、どうなっとんねんと思う。一方で研究を得意としない職員もいて、ストレスになることもあるようだ……。

採集などと同じく、調査に行くのも非日常感があり、時間が経つのも忘れてしまう。あまりに夢中になって、翌日の勤務に響くこともある。筆者はほかの職員の調査を手伝う（という名目の）ために気楽に同行していたので、生物学たのしー！となったが、これを論文にするのは大変だろうな…と思うばかりであった。

謎の研究者たち

あやしい隠し水槽

地下室
コン
あっ
謎の魚
こんなところに……誰が…？
別の地下室
こんなとこはじめて来たぞ
あっ
えぇ…
ズラァァァァァァァ…
謎の貝

▲X-ファイルで見たやつ

異世界よりの来訪者

飼育員はノーメイク
またはナチュラルメイクが多い
休日に会うと別人のよう
おつかれさまです
スッ
あ、おつかれさまでーす
アミエビ
アミエビ汁
ギョッ
さ…さっきバックヤードに丸の内ＯＬが！
アミエビ臭がうつったかもしれません…
空気感染？

▲某大の研究者だった

バックヤードの人気《ひとけ》のないところに謎の研究用水槽が置いてあったり、冷蔵庫に謎の検体があったり。水族館の裏側ではつねに誰かが謎の研究をしている形跡がある。まれに外部の研究者の水槽を預かることもある。大学では設置できないような設備をともなう水槽（たとえば掛け流しなど）を水族館で間借りして研究を行っている。正規の職員ではない研究者や学生が出入りしているので、お互い「誰や……」と思いながらすれ違ったりする。なおセキュリティは機能しているのでご安心を。

　一方で、美術史の研究をしていた筆者がもっとも興奮したもののひとつが、標本庫であった。標本庫はまさに「宝の山」。貴重な生きものの剝製《はくせい》や骨格標本、個人から寄贈されたコレクション、先人がとにかく集めたらしいエビやカニの脱皮殻など、いろいろなものが保管されている。ホルマリンのにおいが充満した、時が止まったような空間で標本の整理をしている間は、まさしく愉悦《ゆえつ》に浸っていた。

ヤバい薬

つ…疲れた
もうダメだ！
そんなときは
標本庫
古書
昔の標本
はく製
クジラのペニス
標本庫で
ホルマリンのにおいを
嗅ぐに限る

▲ビビビビビビ

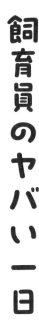

飼育員のヤバい一日

採集やイベントなどを行う日は、当然ながら通常業務（何でもない一日→42ページ）とは異なるタイムテーブルになる。これがヤバいスケジュールの一例だ。

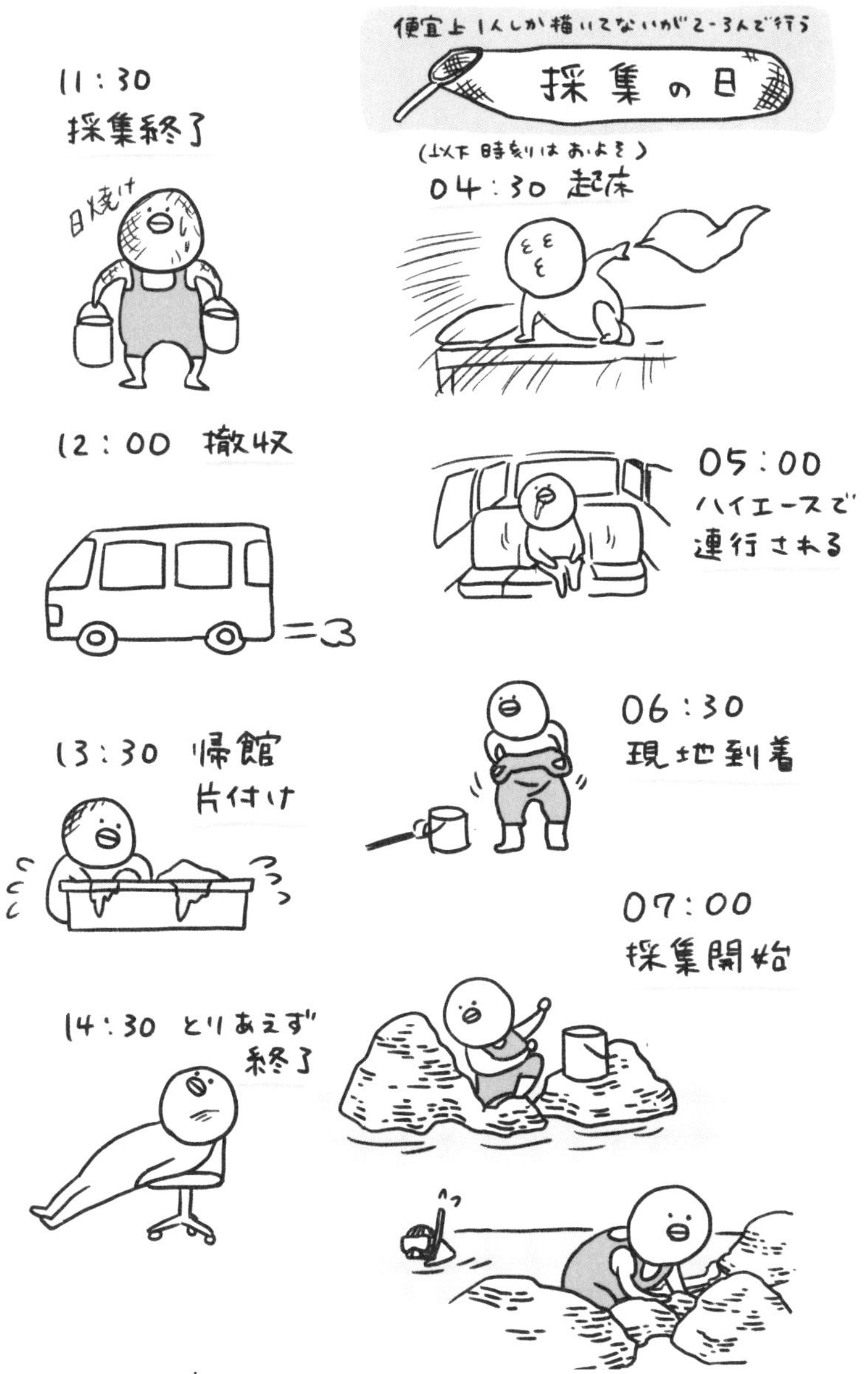
便宜上1人しか描いてないが2〜3人で行う
採集の日
(以下時刻はおよそ)
04:30 起床
05:00
ハイエースで
連行される
06:30
現地到着
07:00
採集開始
11:30
採集終了
日焼け
12:00 撤収
13:30 帰館
片付け
14:30 とりあえず
終了

↓

「何でもない一日」（42ページ）の8時台からスタート
（主要業務はほかのメンバーがやってくれる）

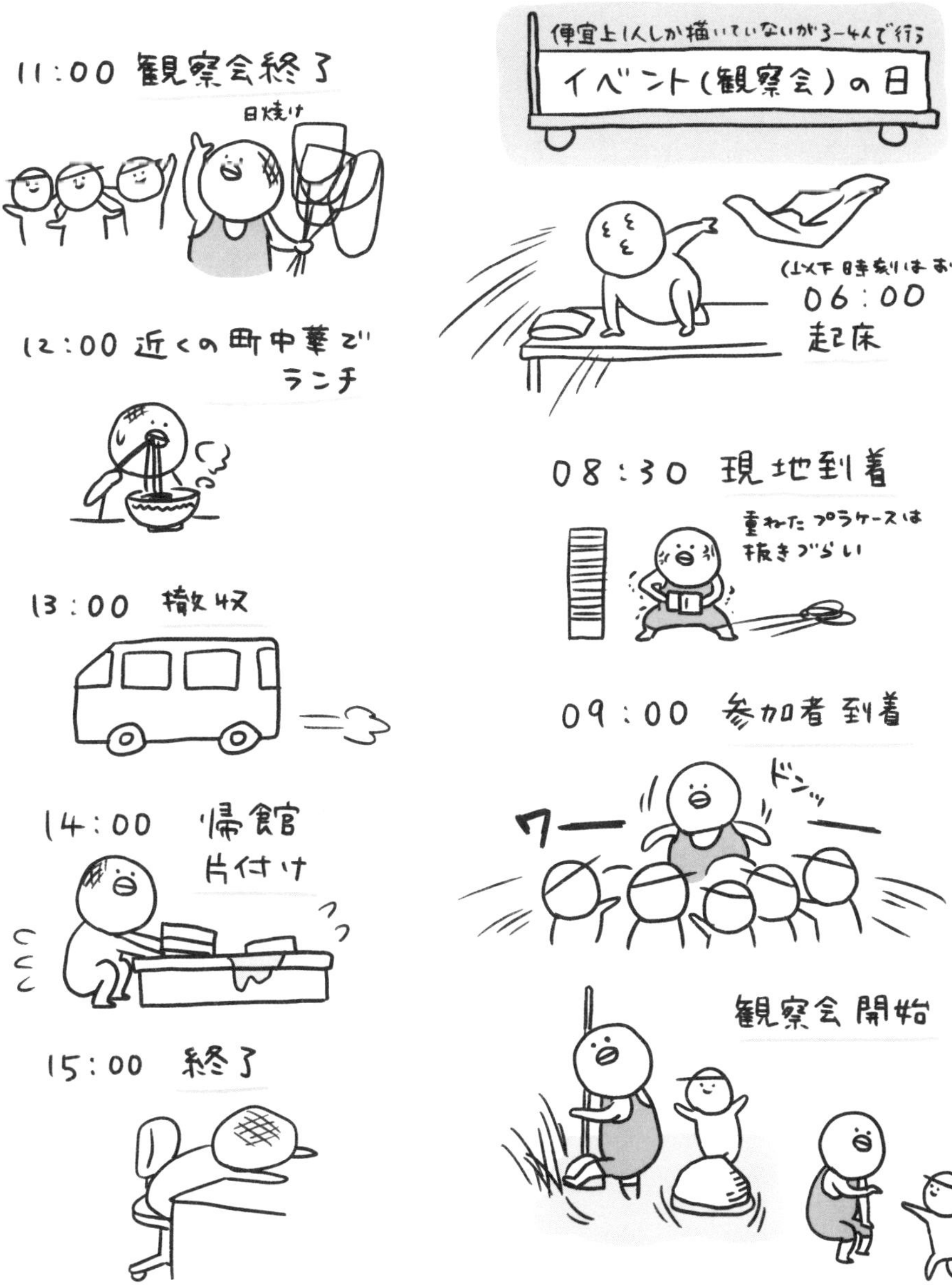

便宜上1人しか描いていないが3-4人で行う
イベント(観察会)の日
(以下時刻はおよそ)
06:00
起床
08:30 現地到着
重ねたプラケースは抜きづらい
09:00 参加者到着
ドンッ
ワー
観察会開始
11:00 観察会終了
日焼け
12:00 近くの町中華でランチ
13:00 撤収
14:00 帰館
片付け
15:00 終了

↓

「何でもない一日」(42ページ)の8時台からスタート
(主要業務はほかのメンバーがやってくれる)

素晴らしきシンポジウム・学会

遠征

動物園・水族館の シンポジウム 参加してきて
○県の ×××動物園で やるらしいから 泊まりで
はい
シンポジウム
△△の 繁殖行動
内輪向け バックヤード ツアー
交流会
アフリカの動物グッズ
珍品 チャリティー オークション
おみやげという名の動物園グッズ
次のシンポジウム どこでしょう!?

▲紙袋いっぱい持って帰った

オフ会

シンポジウムのあとの交流会
名刺を持ってうろつく妖怪
はじめまして ××水族館の者です
専門は カギムシです
どマイナー
××動物園で 獣医して まーす
カバ診てから 来ましたー
どうやって
調査で南極に 行ってきました
ニッチの 波状攻撃

▲全員が優勝

毎日仕事が多い飼育員だが、出張《でば》る機会は意外とある。採集や他園館の視察もそうだが、シンポジウムや学会などに出席することも多い。始終おカタめの会議もあれば、ホストが動物園や水族館の場合はバックヤード見学などの業界向けイベントが用意されていることもある。他園館を堂々と見てまわることのできる機会だ。動物園はあまりバックヤードツアーを開催していないのでとくに興味深い。思わず自分の職場と比べてしまい、きれいに掃除されていたり設備が充実しているのを見ると感心してしまう。

出張先では他園館の職員にも会うことになる。自分の先輩や同僚がたまたま変なのかな……と思っていたら、日本にいない生きものを研究したり、飼育員ではおさまらないようなマルチな才能をもっている人もいた。みなさんなかなか個性派ぞろいで、何だかうれしくなった。

ひみつのバックヤード

よそさまの見学
これがウチのバックヤードです
ふぉ…
ここバックヤードツアーのコースですよね？
いえ？ここは公開してません
ぐちゃあ…
え……
弊館のバックヤード（公開中）
あっそう…ですよね!?
?
当然そうですよね!?!?

▲翌日掃除しました

腕が鳴る！企画展・特別展準備

激務の吸収力

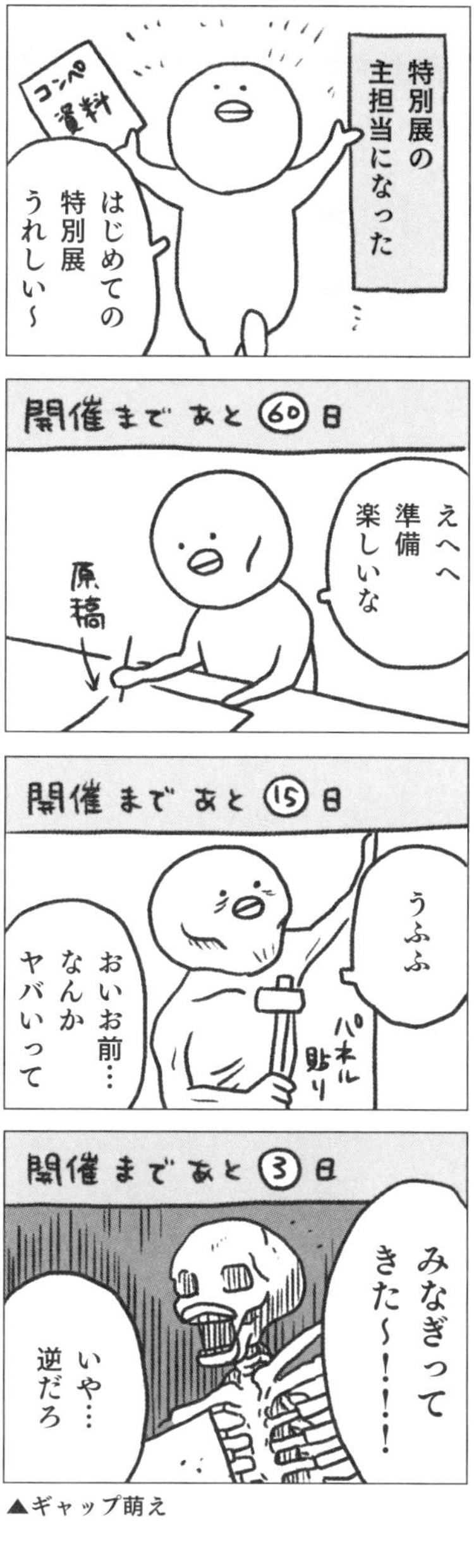

特別展の主担当になった
コンペ資料
はじめての特別展うれしい〜
開催まであと60日
えへへ準備楽しいな
原稿
開催まであと15日
うふふ
おいお前…なんかヤバいって
パネル貼り
開催まであと3日
みなぎってきた〜！！！
いや…逆だろ

▲ギャップ萌え

睡眠死守

前回こりたので今回の特別展の準備、徹夜しません！
ハハムリだろ
グッ
開催まであと15日
よし…4時間だけ寝よう
原稿
開催まであと3日
2時間ねりゅ……
キャプション
開催日当日
ネッ？徹夜しなかったでしょう？
まぁ…そうだね…

▲事務所の椅子が恋人

ヒット作

特別展が始まると用もないのに会場のようすをうかがう
ほぼ不審者
見て見て！
コレおもしろいよ
何
なに？
足めっちゃあるタコー！
すご!!
ていうか…
このパネル
おもしろいよ
ウッ
ニャ…
えー？
渾身のボケがウケているのを確認!!
▲たいていスルーされる

「10年寿命が縮むイベント」。自分が実際に担当して以来、特別展のことをそう呼んでいる。

日々の業務だけでも精一杯なのに、短い期間で展示の準備をしなくてはならないので、とてつもない量のエネルギーを消費するのだ。計画的に準備を進めても、なんやかんやあって、結局は開催日直前に残業することになってしまう。

それだけの苦労を経て完成した展示のオープン初日には、いろんな感情が押し寄せてきたものである（そして定時で帰った）。といっても、初日はあくまでスタートにすぎないのだが。

なお、季節のイベントにあわせた企画展はテッパンである。たとえば年末になると、翌年の干支《えと》にちなんだ水族を展示する「干支展」が開催されがちだ。冬になると生体取扱業者から「来年は辰《たつ》年！　タツノオトシゴそろってます」というような販売リストが送られてくる。干支展を開催している各園館の展示種リストを集めてみるとおもしろいと思う。ちなみに、もっとも苦労するのは亥《いのしし》年である。

企画展・特別展のつくり方

特別展は園館によるが、企画展はたいてい開催されている。水族館を訪れたら、飼育員の汗と情熱のつまった企画展や特別展もぜひ楽しんでみてほしい。

コンペ
まさかの決定
チーム結成
道づれのメンバーに分担割りふり
原稿
展示
生体
通常業務のかたわら担当ごとに準備を進めていく

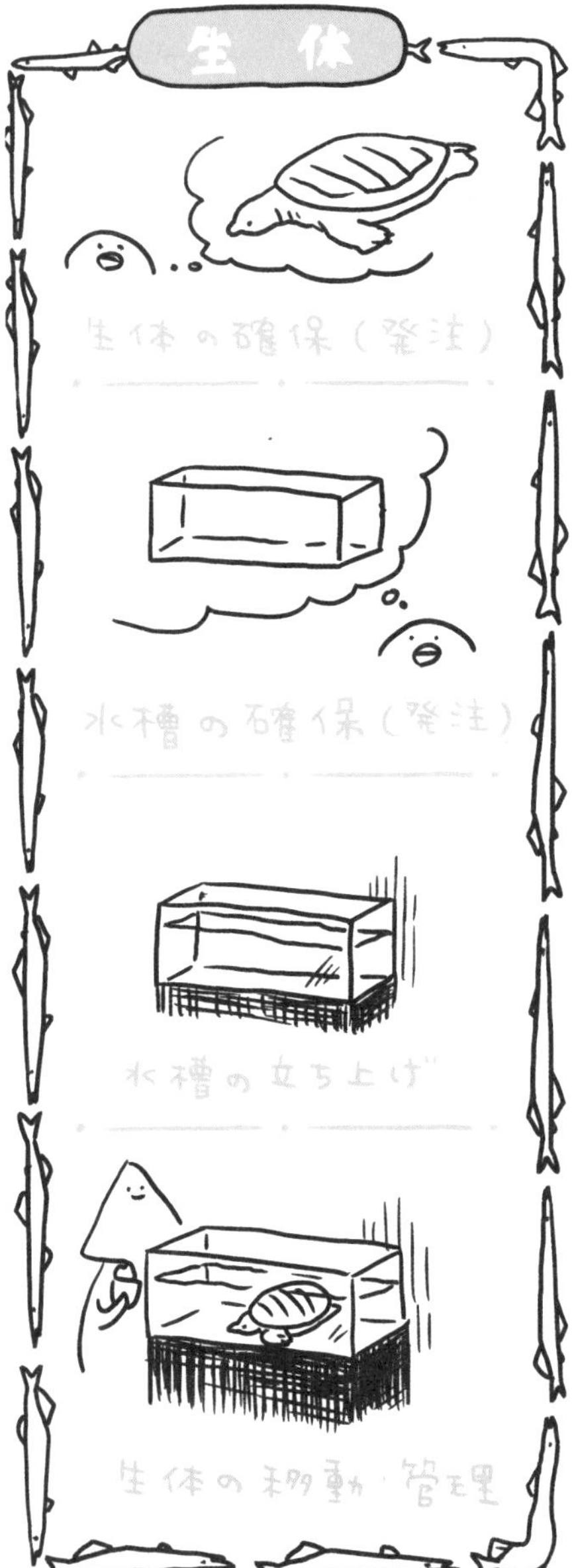
生体
生体の確保（発注）
水槽の確保（発注）
水槽の立ち上げ
生体の移動・管理

原稿
～展やります
ここにのせた生体はゼッタイ死守しなくてはならない
プレス作成
パネル・グッズのデザイン制作
パネル原稿執筆
ぬるぽ
ガッ
こういうときにプリンターが壊れる
出力
呼んだ!?
終わった!!
設営
←滞っていた通常業務

展示
看板
フィギュア
ケース
各種発注
美術梱包
資料の借用（標本など）
ヤッター!!
設営実例

水族館のイカれたメンバーを紹介します②
（の一部）

ヤマトメリベ

カワイイの具現化
しかも触るとグレープフルーツの
ようなカワイイ香りがする

イカ類

きれい・カワイイ・おいしい
パーフェクトなワガママボディ

ペンギン類

たまに異様にヒトが好きな
個体がいる

プロトプテルスアネクテンス

やたら愛嬌のある踊りをみせて
くれるが本人(魚)はただ泳いで
いるだけである

コロソマ

目の位置が下すぎてたまに
不安になる　名前も怖い

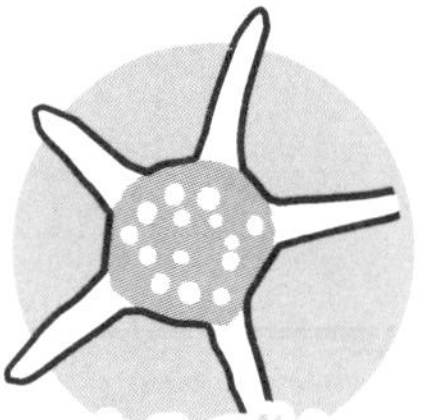

ホシズナ

これも生きものだと思うと
すごく興奮する

リクガメ類

たまにスイッチが入ると
信じられないスピードで
タックルしてくる

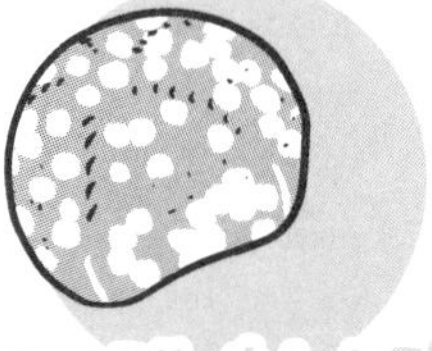

マンジュウヒトデ

この世でいちばん尊いまるみ

テヅルモヅル類

どう見ても異世界から来たヤツ
だし名前つけた人もそう思った
はず

オオサンショウウオ

動かないのにずっと見ていられる

ホシエイ

飼育員を見ると寄ってくる巨体

クラゲ類

透明なので餌を食べたかどうか
すぐわかる

第3章

みなぎる飼育員

愛すべき水族館職員たち

楽しい休日

休みの日
何したか？
釣り
オシャレカフェ
めぐり
セミの
ぬけがら集め
○○川上流
行って
帰りの山道で
落ちてた××
さばいて食
ありがとう
ございました

▲筆者はホラーとカンフー映画見てました

職員用冷蔵庫

昼飯の時間だ
パカッ
↖共用冷蔵庫
食用か展示用か
わからない
ナマコ
珍味
めだかの
佃煮
期限切れのおみやげ
ガラッ
何かわからない
サンプル
←タカアシガニの
甲羅

▲メダカの佃煮は新潟の特産品です

みんなちがって みんないい

見て 新しい魚 かわいいよ
フーン？
うわ 何それ
えっ ウーパールーパーだけど…
昔流行った
…もしかして
あなたがた生きものに興味ない？
え？ そうだが
隠そうともしない
そうでないんも もちろんいます
▲世代の差も感じた瞬間

生きものやお客さんたちとのかかわりは、水族館業務の醍醐味《だいごみ》。そしてそれをこなすメンバーもまた一筋縄《ひとすじなわ》でいかない人々である。

水族館の飼育員（および元飼育員の職員）はみな、生きものや生物学を愛している。オフの日でもフィールドへ出る「ひきこもらない系オタク」の人、B級映画や山奥の秘仏《ひぶつ》を見に行くと言うと二つ返事でついてきてくれるような好奇心旺盛な人、野生児など多様な人種がおり、生きものの愛し方もさまざまだ。おそらく生物学の研究室もこんな感じの人々が集まっているのだろう。

それ以外の職員はというと、必ずしも動物好きというわけではないようだ。ただ、お客さんからの質問にはある程度答えられなければならないので、知識はそれなりにもっている必要がある。

また設備チームも、機器類の取り扱いはもちろん生きものの性質を知ってこそ管理ができるので、飼育を経験した頼れる職員があたることもある。

水族館はいろいろな職員がいるからこそ成り立っていけるのだ。

陽オーラあふれるイルカトレーナー

謎の仕事

入社前
実際どんな仕事をするのかな
…お
さあみんなでイルカさんと踊ろーっ☆
大人の人も踊ってくださーい
……いやムリだわ…
陰キャ
入社後
さあみんな元気よくーっ☆

▲入社前にイルカのダンスちょっと練習した

パリピトレーナー

さっきのイベントさ…
茶髪→
肌黒→
陽キャ→
イルカトレーナー
イルカトレーナーは…パリピ系…
茶髪も肌黒も外で仕事をたくさんやってるからだよ
スッ
えっ
そ…そうだったのか人を見た目で判断してしまった
なんて恥ずかしいことを……!
ねえ来週の合コン行くーー?
もち行くっしょーー!
ウェイ
ああああーーー!

▲いろんなトレーナーがいます

子どもの「将来なりたいもの」に、よくイルカのトレーナーがあげられる。

だがその道のりは険しい。もともと需要が少ないうえに競争倍率も高い。イルカトレーナーの専門学校もあるほどだ。動物のなかでも「イルカ（海獣類）」だけ別枠が設けられているのは、やはりイルカトレーナーが職業として特別とみなされているということだろう。

実際に水族館で働いているのは、イルカトレーナーになりたいという夢を強くもちつづけ、困難のなかそのポジションを勝ち取り、夢を叶えた人々である。

彼らにはイルカに関する知識やイルカとの相性だけでなく、お客さんをいかに感動させるかというエンターテイナーとしての資質も求められるので、魚類の飼育員とはまた違った特性がある。

彼らの陽の気がまぶしすぎて筆者の陰の要素がかき消されるので最初はとまどったが、彼らはコミュ力も最強である。下手に知能の高いイルカよりお手のものという感じで、よくしてもらった。

イルカ愛

あっおつかれさまでーす
おつかれさまです
イルカチーム
明日休みですか
何するんです?
美術館行こうかなと
へー私美術とかよくわからなくて…
あ、ラ○センはふつうに好き
え…え!?
プシュー
じゃ失礼しまーす

▲すごいピュアな感じで言われた

無敵の飼育員力《パワー》

野生力（パワー）

オフに飼育員仲間で低山登山
というか…
なぜギョサンで来たんだ
いちばん履き慣れてるから…
長靴のほうがよかった？
絶対にマネしないでください
登山中
イノシシがカバンを…!!
取り戻しましたよ
石↑
知らない人
えっ…
絶対にマネしないでください
お腹空いたなー
ブチッ
もぐもぐ
野生みがすぎるわ
絶対にマネしないでください

▲絶対にマネしないでください

無敵の素肌

むわぁ
うう……
え？　この暑いのに長袖？
えらいねー
まさか日焼け対策かぁ〜？
何をいまさら
いやお前らはなぜ
その格好で蚊に刺されないのか

▲飼育員七不思議のひとつ

採用面接時にあまり聞かれなかったが、就職してから「コレ絶対飼育員に必要だ」と思ったのが、タフさである。

むろんどんな研究活動にも忍耐力は必要だろうが、飼育業務では、重い荷物の持ち運び、高温多湿の地下室での作業、極寒のフィールドでの採集、生きものたちの糞尿にまみれての掃除、危険生物との対峙など、体力と気力が問われる場面をあげたらキリがない。そして、まるで天賦《てんぷ》の才としてタフさを与えられたがごとく、飼育員や生物系の人は野生に近い……というか、たくましく、心強い。その分危険な目に遭うことや健康に響くことも多いので、十分に気をつけていただくよう、祈るばかりである。

真冬の解剖

あれ
何か
するの？
獣医
ウミガメの
解剖　見る？
見るが…
真冬の屋外
ビュオオォ
冷凍
寒い！
冷たいの
平気なの？
スゴイ
ん？
冷たいよ!!
ゴメン!!
においがキツイ
ので屋外で
解剖したらしい

▲尊敬します

水の中のほうが
あたたかいので
あがりたくない

水族館職員の担当別特性分析

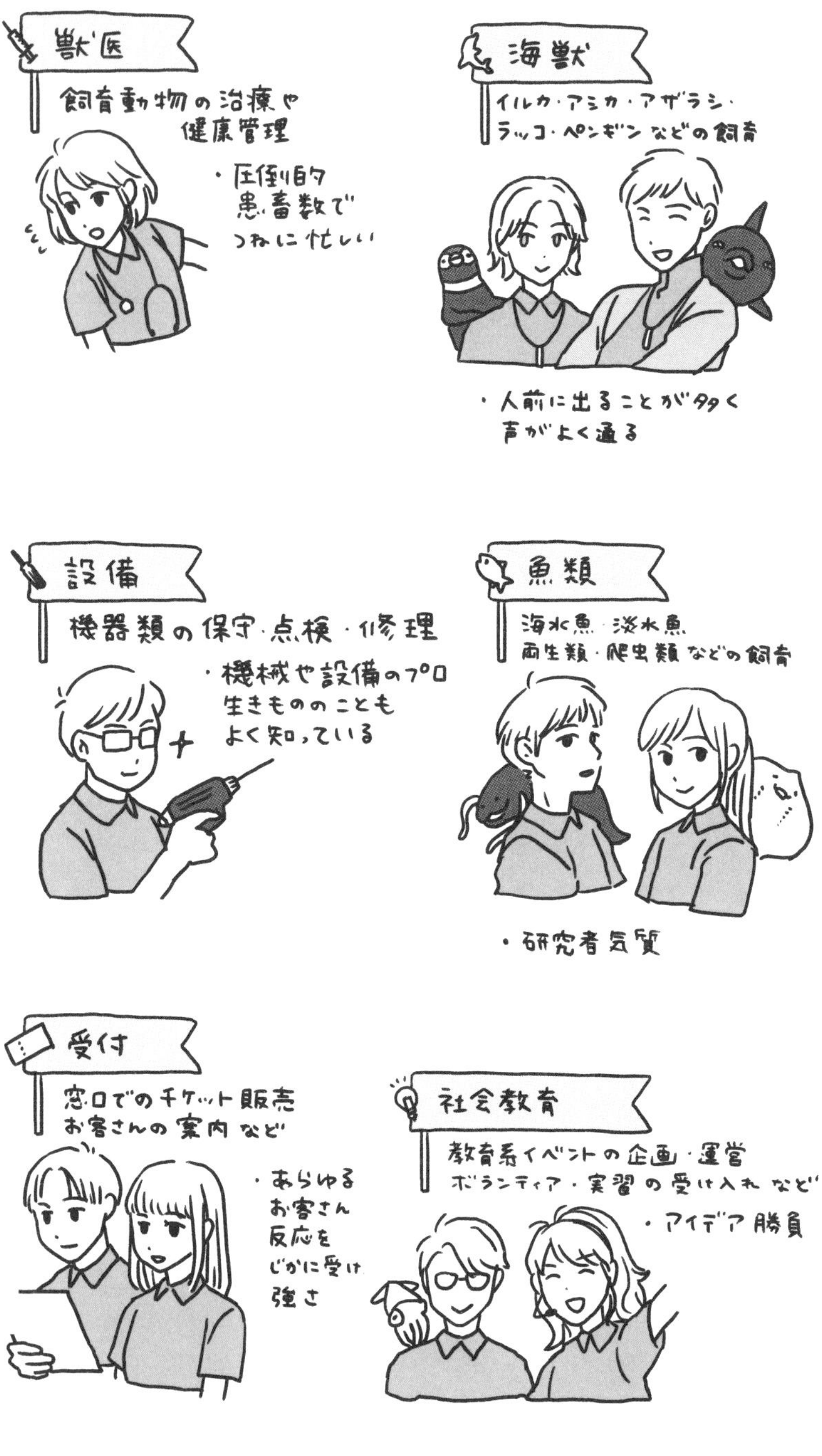

獣医
飼育動物の治療や健康管理
・圧倒的患畜数でつねに忙しい
海獣
イルカ・アシカ・アザラシ・ラッコ・ペンギン などの飼育
・人前に出ることが多く声がよく通る
設備
機器類の保守・点検・修理
・機械や設備のプロ 生きもののこともよく知っている
魚類
海水魚・淡水魚 両生類・爬虫類 などの飼育
・研究者気質
受付
窓口でのチケット販売 お客さんの案内 など
・あらゆるお客さん反応をじかに受け強さ
社会教育
教育系イベントの企画・運営 ボランティア・実習の受け入れ など
・アイデア勝負

水族館職員には、なんとなーく、担当ごとに特性がある。もちろん例外もあり、筆者の独断と偏見に基づくものだとご理解のうえ、お楽しみいただきたい。

館長（ほか偉い人）

館全体の運営方針を決める

・不在が多くハンコ待ちの書類の塔が築かれている

事務

人事・会計など

・札束を平気な顔で扱える

営業

観光企画の提案など

・行ったこともない観光施設に詳しい

広報

イベントの企画
取材対応など

・有名アイドルが来ようがまったく動じない

このほか

・ほかのテナント
　写真屋
　レストラン
　カフェ
　ショップ
・清掃業者
・清掃ダイバー
・警備員
・ボランティア

・実習生

・外部の研究者

などがいます

憧れの飼育員ファッション

香りつき制服

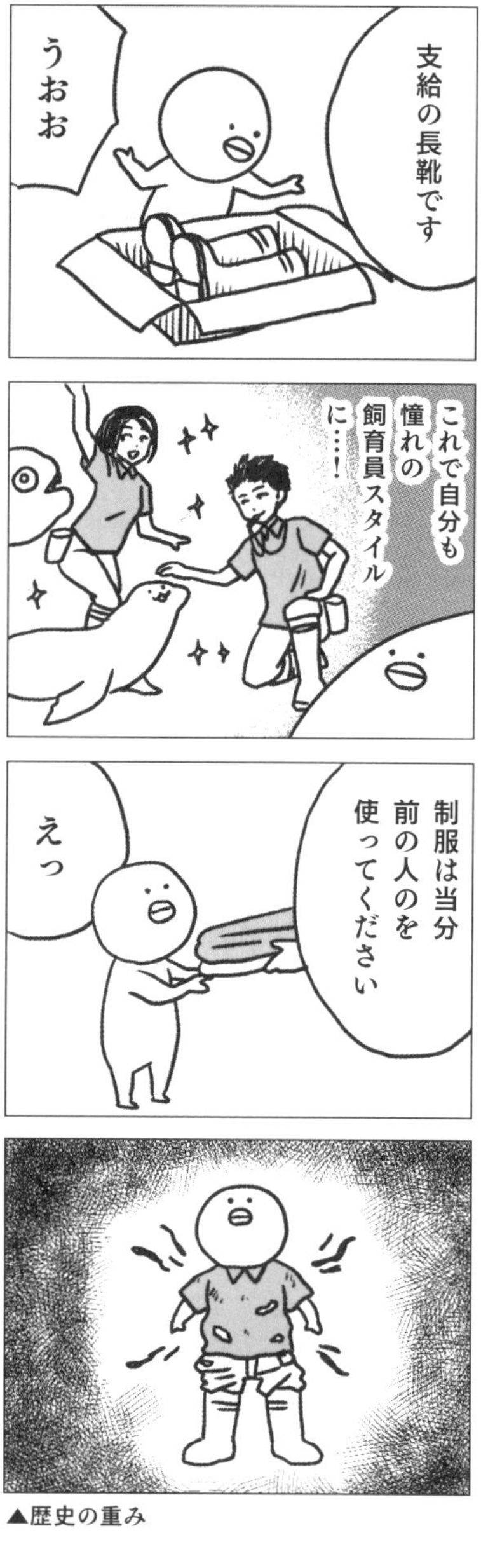
支給の長靴です
うおお
これで自分も憧れの飼育員スタイルに……！
制服は当分前の人のを使ってください
えっ

▲歴史の重み

水族館探偵

このにおいは
両《りょう》爬《は》担当！
コオロギ
ピッ
おつかれーっす…お？
このにおいは
海水魚担当！
エビ
ピッ
えーなんでわかったの？

※両爬…両生類・爬虫類のこと

▲長靴でも判別可能

洗礼

洗いたての服は気持ちいいなあ〜
あっ…
イカの目玉の汁
わっ ごめーん
餌のプランクトン
ウウッ…

▲洗濯の暇もない波状攻撃

襟つきで何となくきちんとして見えるポロシャツに動きやすいチノパン、そしてもっとも象徴的で現場感のある長靴。飼育員の制服は、作業効率を重視しながらも、お客さんの前に出ることを考慮した独特の折衷感がある。

しかし飼育員の制服は一瞬で汚れる定め。きれいに保とうとしていても、すぐにいろいろな汁にまみれてしまう。そんななか急な取材があると、広報からきれいな制服を着るよう怒られるのだが、替えの制服もさほど変わらない感じなので致し方ない。そして長靴は蒸れやすいので、消臭剤を乱用しても臭くなりがちだ。といっても、けっこうきれいな制服を着ている飼育員も多い気がするのだが、お洗濯事情はどうなっているのだろうか。

もし「この飼育員の制服、ちょっとアレだな」と感じたら、それは日々一生懸命働いている証しだと思ってください。

水のトラブルは日常茶飯事

適応力

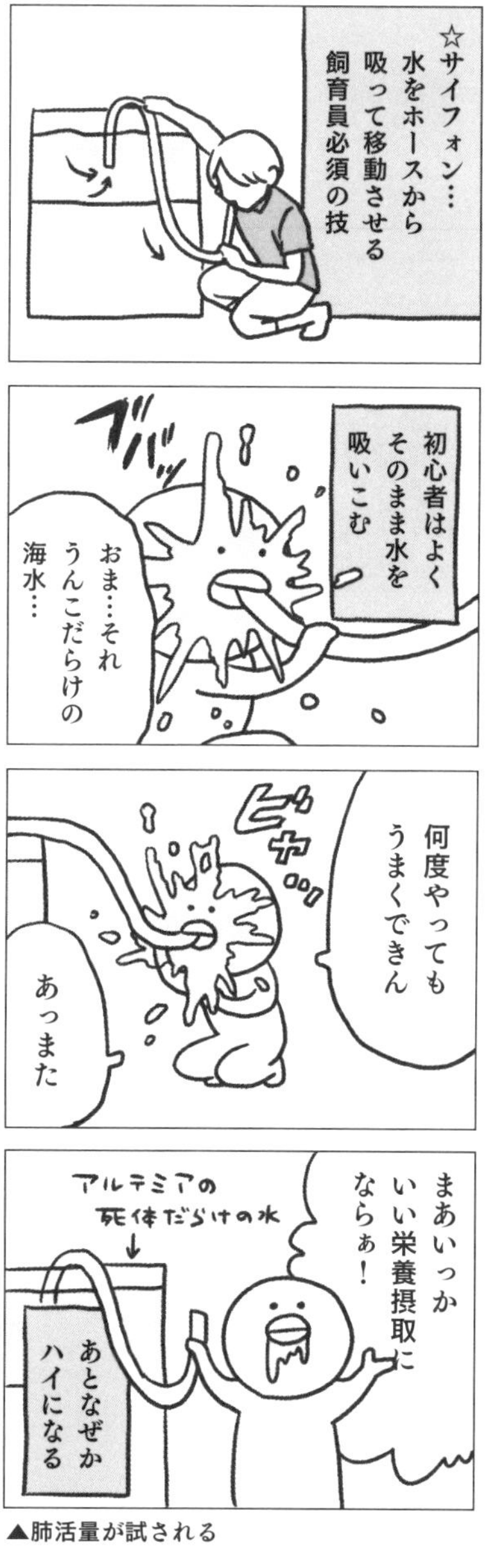
☆サイフォン…水をホースから吸って移動させる飼育員必須の技
ブバッ
初心者はよくそのまま水を吸いこむ
おま…それうんこだらけの海水…
ビャッ
何度やってもうまくできん
あっまた
アルテミアの死体だらけの水
まあいっかいい栄養摂取にならぁ！
あとなぜかハイになる

▲肺活量が試される

防水

就職を機に防水腕時計を買った
やっすいやつ
フッ
う…海水でバンド部分がボロボロに…
安物なんて買うから…
私は防水携帯に変えた！
これで悲しい事故（水没して機種変）ともおさらばよ
すごい分厚いやつ
あれ…ちょっと水没しただけでもう…
プッ！
無理だとわかっていても防水機能にすがりたい

▲時計は安物を使い捨て

濡れ飼育員

ブシャアアア
水に濡れる
ということにあまり
頓着しなくなる
イベントの参加者さん
あーっ
サンダルが
流され
ちゃった…
ハイ
ざぶ
ざぶ
あ…りがとう
ございます…
ドン引き
お前…
下着の替えあるの?
あ…
ポタ
ポタ
▲水着でしのいだ

水族館では大量の水、ときに海水を扱うので、言うまでもなく水関係のトラブルが多めである。施設としていちばん困るのが各所からの漏水だ。設備が古くなるとどうしても水が漏れてきてしまうので、設備担当の職員が飛んできて修理する。

飼育員は各々、携帯電話やカメラなど、防水機能を謳ったものを用意することもある。しかし海水の威力はすさまじく、機器類の寿命はどうしても短くなってしまう。

また、水に濡れる気がなくても、濡れてしまうことも多々ある。たとえば、シロワニやピラルクといった大型魚に餌をあげるとすごい勢いで餌を飲みこむので、反動で大量の水が飛んでくる。またイルカプールのそばを歩いていると、イルカがわざと水をかけてくることもある。またこれは自業自得だが、ホースの取り扱いで油断していると水浸しになってしまう。そういうこともあり、事務所の洗濯機はいつも稼働中だ。塩気で調子が悪くなった洗濯機が新調されたときは、飼育員全員が大歓喜であった。

キュ

濡れるのは、慣れる

あばれホース

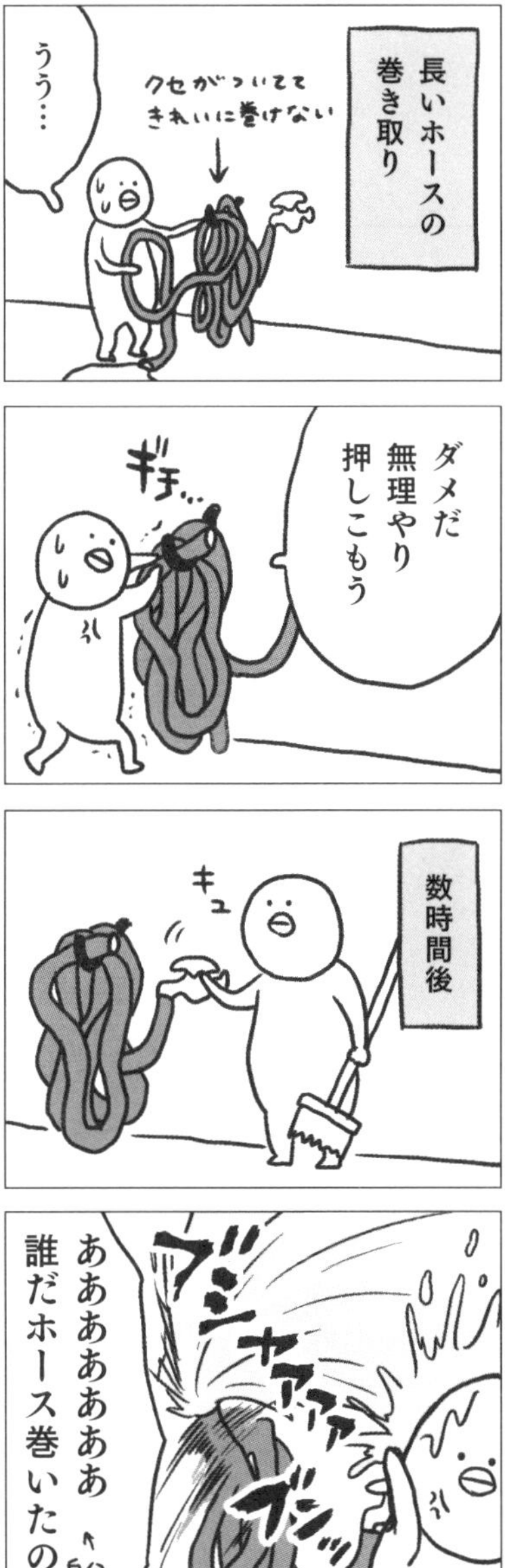
長いホースの巻き取り
うう…
クセがついてて きれいに巻けない
ダメだ 無理やり 押しこもう
ギチ…
数時間後
キュ
ブシャアアア
ブシッ
ああああああ 誰だホース巻いたの
自分

▲8の字巻きで解決

噴水？

ここ水捨てるとこ ないですけど これどうしたら？
このポンプ 使って外に 汲み出して
イベントで使った水槽
←ホース
すごい勢いだから ホースを
なるほど！
ぷしゃあ
ああ
あああ
しっかりつけてねって 言おうとしてた

▲こぼれた水は掃除機で吸い取る

全部海水のせい

▲全部歳のせい

ギリギリChap

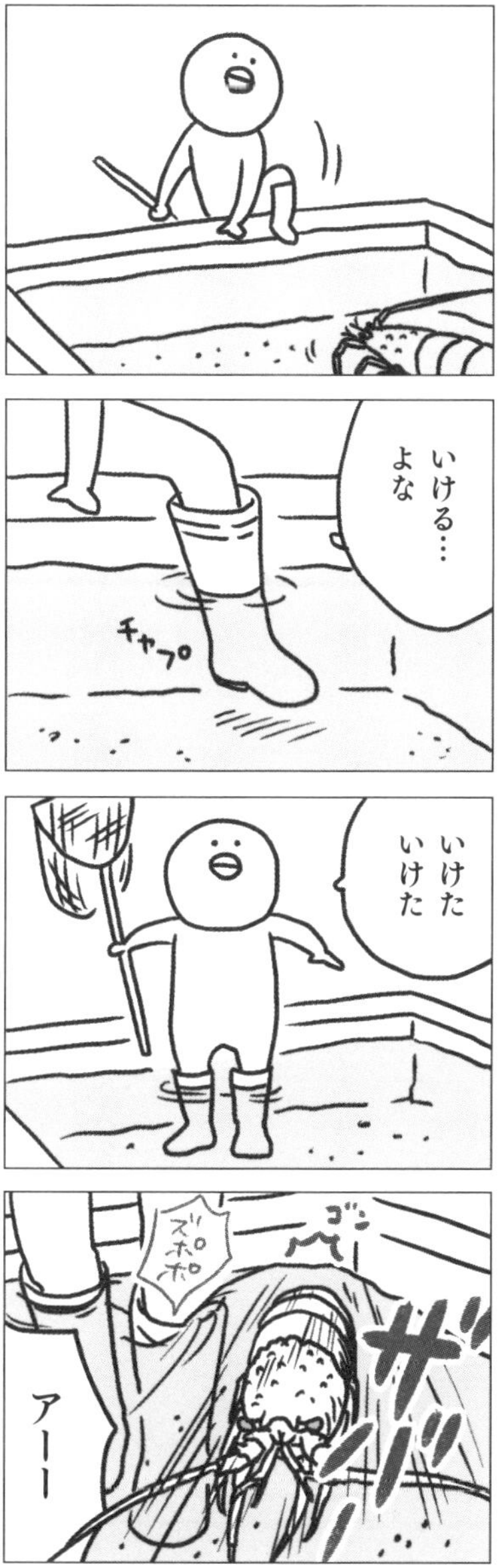

▲なまぬるい海水

飼育員のひきだしは小宇宙

隠しアイテム

登録されている標本が
ちゃんとあるか
年度末の確認
この標本だけ
ないな…
ずしっ
これ
知りません?
えへ
あっすまん
ここにあるわ
ガララッ
はいこれ
いま…奥に
未登録の標本っ
ぽい何かが
いや…
何もないが

▲無理やり取ると戦闘になる

飼育員のひきだし

ハンコ
ください
おう
ガラ
えーっと…
タツノオトシゴ…
乾燥標本
液浸標本
パクってきた水温計
ガチャのフィギュア
生物の人の持ちもの
ほんと謎だわ…
その本
何に使うの…?
交尾
ギレルモ・デル・トロ
くずし字
漢和

▲デル・トロは疲れたとき用

備蓄食糧

AM 1:00
ただいま…
お腹すいた…
パカッ
冷蔵庫にすぐ食べられるものあってくれ…
頼む！
漁師さんにもらったアカナマコ
Apostichopus japonicus
うっうっ…
トン…

▲人類で最初に食べた人すごい

筆者が所属していた大学院の美術史研究室では、学生の机にはパソコンと文献のほか、展覧会の図録やグッズが積まれていた。魚類飼育員の身のまわりにも、定番のアイテムがあるのではないかと思う。

完全に偏見だが、筆者の経験を振り返ってまず思いつくのは、リアルな生きもののガチャガチャのフィギュア、そして標本だ。きれいなカニの脱皮殻やウニの骨格などの乾燥標本もあるし、アルコール漬けの液浸《えきしん》標本もある。おそらく魚類飼育員は、標本をキーホルダーやぬいぐるみ的な何かだと思っている。たまに同僚の子どもなどが事務所に遊びに来ると、そういった標本を見せて（当人が）喜んでいる。場合によっては、小さな生体が入ったケースを持ち出して見せようとする。おそらく魚類飼育員は、他園館でも同じようなことをしているのではないだろうか。

飼育員スタイルはコレだ！

つなぎ、長靴、ホイッスル……。飼育員のあのスタイルに憧れる方も多いのでは？　ここではリアルな飼育員の持ちもの・ファッションをチェック！

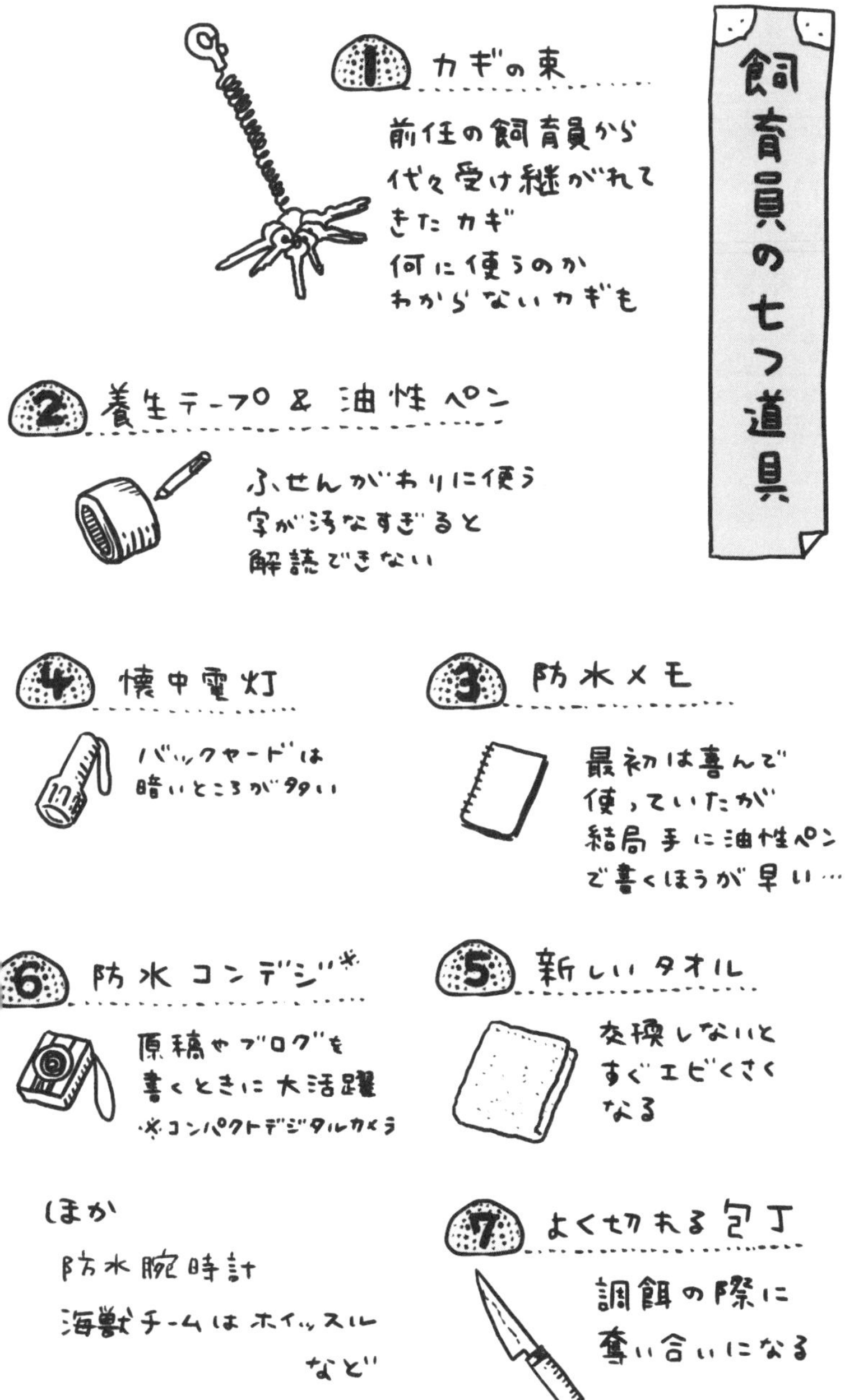
飼育員の七つ道具
1 カギの束
前任の飼育員から
代々受け継がれて
きたカギ
何に使うのか
わからないカギも
2 養生テープ＆油性ペン
ふせんがわりに使う
字が汚なすぎると
解読できない
3 防水メモ
最初は喜んで
使っていたが
結局手に油性ペン
で書くほうが早い…
4 懐中電灯
バックヤードは
暗いところが多い
5 新しいタオル
交換しないと
すぐエビくさく
なる
6 防水コンデジ※
原稿やブログを
書くときに大活躍
※コンパクトデジタルカメラ
7 よく切れる包丁
調餌の際に
奪い合いになる
ほか
防水腕時計
海獣チームはホイッスル
など

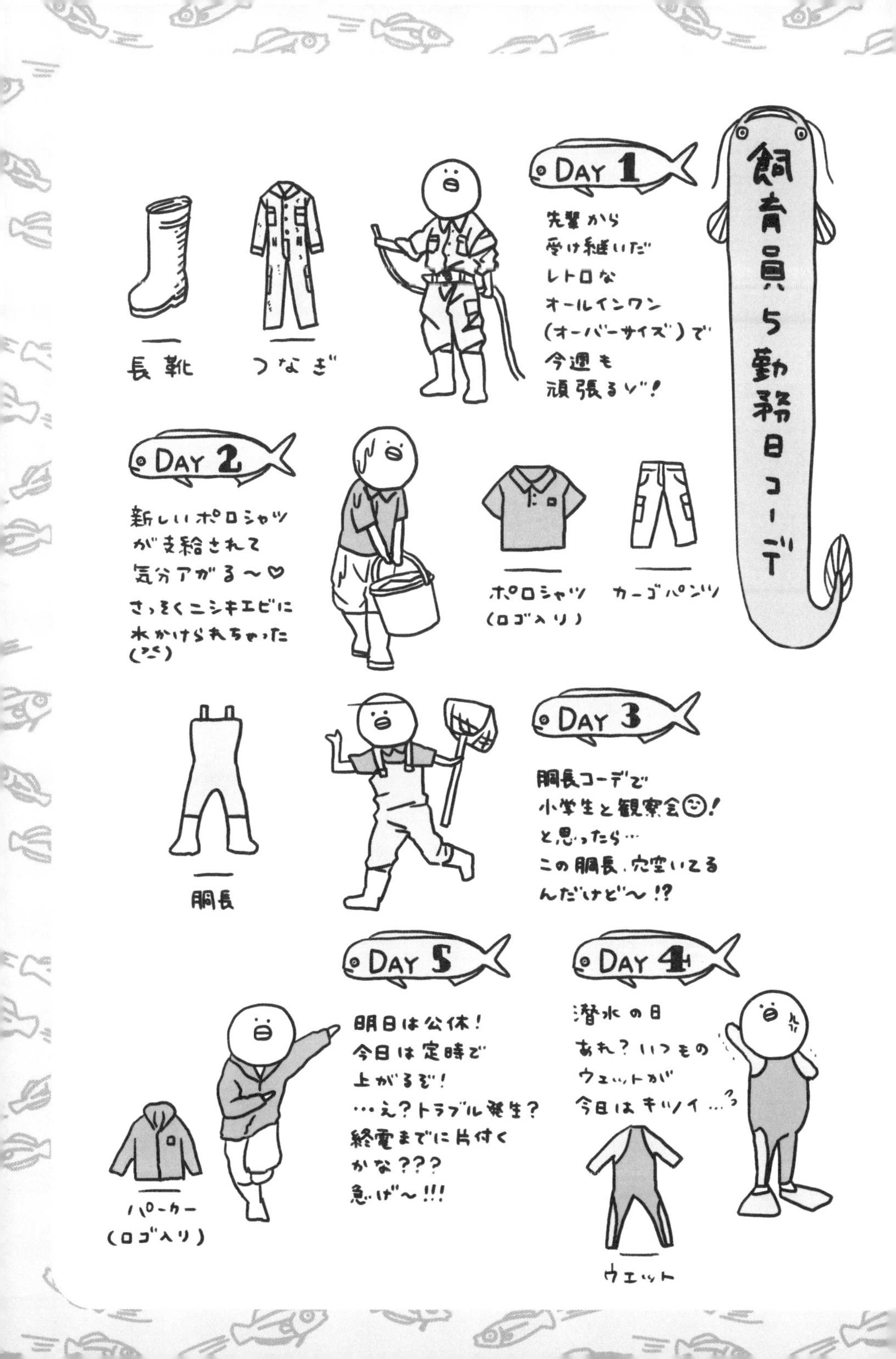

飼育員5勤務日コーデ
DAY 1
先輩から
受け継いだ
レトロな
オールインワン
（オーバーサイズ）で
今週も
頑張るゾ！
長靴
つなぎ
DAY 2
新しいポロシャツ
が支給されて
気分アガる〜♡
さっそくニシキエビに
水かけられちゃった
ポロシャツ
（ロゴ入り）
カーゴパンツ
DAY 3
胴長コーデで
小学生と観察会☺！
と思ったら…
この胴長、穴空いてる
んだけど〜!?
胴長
DAY 5
明日は公休！
今日は定時で
上がるぞ！
…え？トラブル発生？
終電までに片付く
かな？？？
急げ〜!!!
パーカー
（ロゴ入り）
DAY 4
潜水の日
あれ？いつもの
ウェットが
今日はキツイ…？
ウエット

ショップ・レストランのひみつ

大物ラインナップ

あっ
ジンベイザメ
こっちは
ジュゴン！
おみやげ
これにしよー
KINOKO
ホオジロ
ザメも
いるじゃん
どっちも
ウチには
いない…

▲イマジナリーメガファウナ

汎用性の高い おみやげ店

水族館に併設のおみやげ屋さんは、ほかの業者がやっている場合もあるのでたまにお客のふりをして見に行く
SHOP
いらっしゃいませー
おっ 飼育
してるやつ
これいいな
ヤドクガエルのアクキー
飼育してないけど…
まあ標本は
あるから
いいのかな
リュウグウノツカイ
のぬいぐるみ
飼育してないし
標本もない
エッフェル塔のマグネット

▲誰が買うん？を探すのがおもしろい

特別メニュー

遊びに来た
まぁ レストランでランチでも
「▲▲水ランチ」地元の名産物使ってるとか？
それにしてみよう
バゲット
サラダ
エビのスープ
シーフードパスタ
ふつうにおいしいランチだが…
あっ わかった
コレ餌で使ってるのと同じエビなんじゃないの？ 冷蔵庫から取ってきた
え… この服のにおいと同じ…？

▲おいしくいただきました

水族館にあるショップ（おみやげ屋さん）や写真屋さん、レストランやカフェは、別の業者が運営していることが多い。そのため、同じ敷地内にあって同じ名前を共有しながらもまったく違うお店、という不思議な関係性である。

ときどきお客さんのフリ（たいていバレるが）をして利用すると、どの生きものが人気なのか、この水族館はどんなところが特色として見られているのかが客観的に観察できておもしろい。たまにこの水族館にはいない生きものがドでかく描かれたものをおみやげにするお客さんもいたが、職員としてはやや微妙な心もちになる。

筆者はミュージアムグッズが好きなので、水族館に行ったら必ずそこにしかないオリジナルグッズをチェックするようにしている。館内にショップが複数ある場合は、内容もそれぞれ異なるので、あますことなく目を配るのが重要だ。

運営業者のみなさんにとっては、この水族館のどの要素に需要があるのか、の見極めが重要なのかもしれない。

個性豊かな来館者たち

ファインディング カクレクマノミ

※ニモは正確にはイースタンクラウンアネモネフィッシュ（諸説あり）

あっ ニモ
カクレクマノミ
Amphiprion ocellaris
カクレクマノミだよ
ドリーだ
ナンヨウハギ
Paracanthurus hepatus
ナンヨウハギだよ
ニモ！
いや、カクレ
ドリー！
ニーモ！
ドリー！
ニーモ！
ドリー！
ニーモ！
ドリー！
ニー…
ドリ…
うう…

▲ファイティング飼育員

推し活

※以降個体名はすべて仮名

カピバラのソラちゃんがやってきたよ よろしくね
いやあ来たんですね
はい××動物園から…
ええ知ってます
パシャパシャ
彼女が生まれたときから毎週末に××動物園まで新幹線に乗って見に行ってたのでね
やっぱ目つき性格がお母さんのアオちゃん似てますよね
お父さんのウミくんに○○園に行くらしいですね
パシャ パシャ パシャ
また来週末来ます
新幹線に乗って
パシャ パシャ パシャ パシャ

▲そなた（推し）は美しい……

冒頭で述べたように、研究、教育、エンターテインメントなど、水族館のもっている機能はさまざまである。そのため、やってくるお客さんもバラエティ豊かだ。

海獣類やサンゴ礁の魚など、キャラの立った生きものを見に来るお客さんもいれば、逆にニッチだったりレアだったりする生きもの目当てのオタクの方、そして生きものというより空間の雰囲気を求めに来るお客さんもいる。

イルカやペンギン、カピバラ、カワウソなどはとくに固定ファンが多い。プロのファンの人は個体識別ができるのはもちろん、他園館の個体も含めた血縁関係まで頭に入っていて、遠方だろうと何度もやってきてくれるのだから驚きである。

そのほか、理科教育の一環で利用する学校、地域の交流を目的とする自治会のほか、スポーツクラブやボーイ／ガールスカウト、介護施設の方といった団体利用も多かった。老若男女、いろいろなシーンで活用してもらえるのも、水族館のいいところだ。

ジンクス

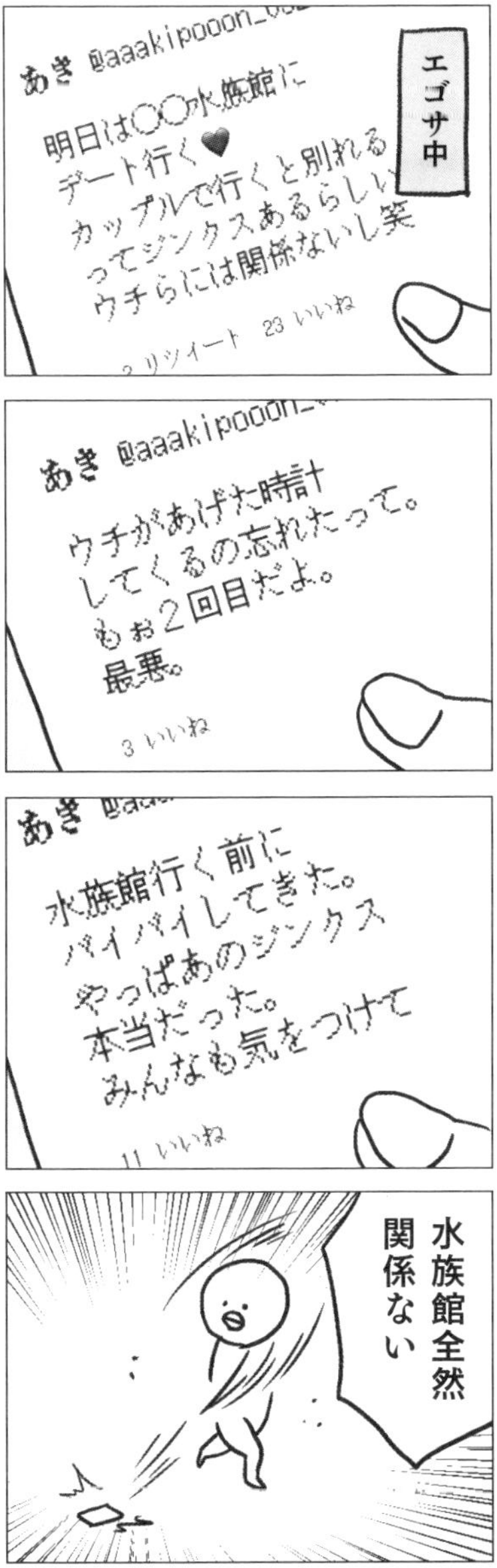

▲出会いあれば別れあり

水族館飼育員のマジな話

配給

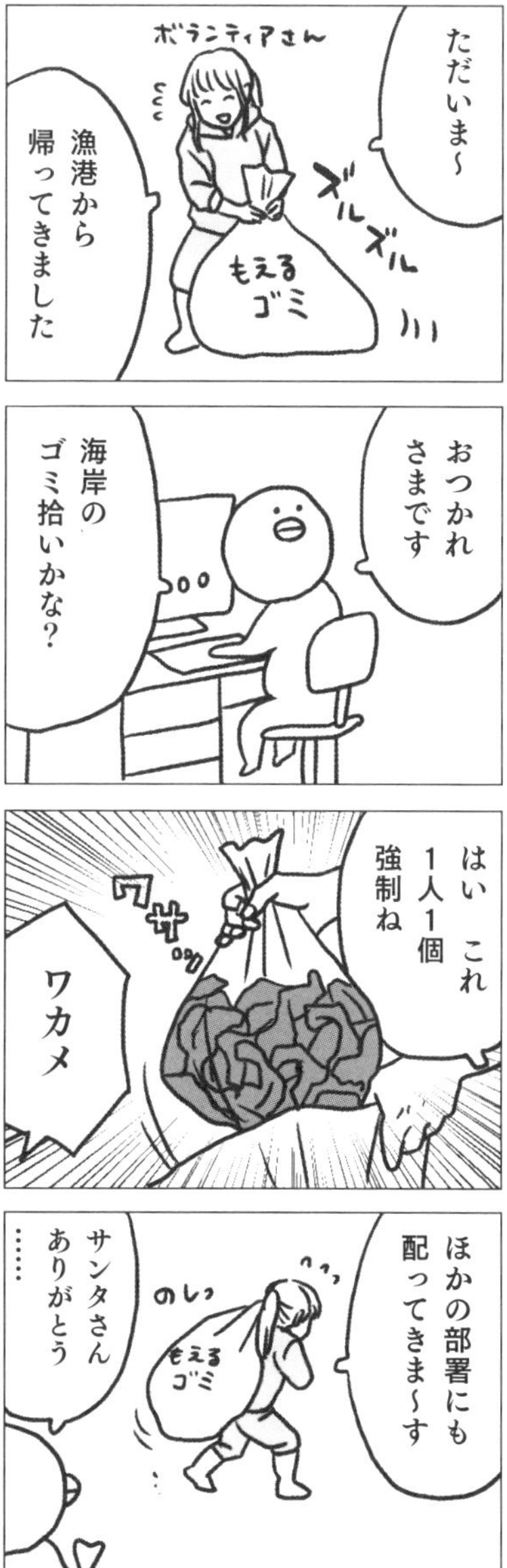

ただいま〜
漁港から帰ってきました
ボランティアさん
ズルズル
もえるゴミ
おつかれさまです
海岸のゴミ拾いかな?
はい これ 1人1個強制ね
ワサ
ワカメ
ほかの部署にも配ってきま〜す
サンタさんありがとう……
のしっ
もえるゴミ

▲春のサンタさん

質より量

これ おしゃれなおみやげです
おー
上品なおかし
数日後
めちゃくちゃ不評だ
これ地元みのあるおみやげです!
地域のスーパーで買ったおかし(同じ値段)
ドサッ
ワー
たーんとお食べ…

▲ローカル感が大事

対峙

▲キックオフ！

水族館の職員はやりがいのある仕事だと思う。筆者は就職したことを後悔したことはないし、出勤したくないと思ったのはイベントがうまくいくか不安だったときの1日だけだった。まわりの同僚や上司も、強烈なこともあるが魅力的な人が多く、楽しく働いていた。しかし、楽しいことばかりではない。

博物館業界全体の話として、ほとんどの職員の給与は決して高くない、というか薄々の薄給である。そして正社員ではなく契約社員であることも残業も多く、水槽や生きもののトラブル発生で帰る時間が遅くなり飲み会に遅れることもしょちゅうである。何も博物館だけでなく、大変な仕事というのはどこにでもあるだろうし比較しようもないが、ついていけず辞めていった人たちもいた。筆者はたまたま相性がよかった（ほかの職員からの評価はわからないが……）だけかもしれない。

博物館は社会にとって不可欠な存在だ。そのなかで働くみなさんにはなるべくストレスの少ない環境にあってほしいと思う。

繁忙・閑散期のてんやわんや

読み間違い①

今日は祝日…
飛び石連休のはじまりです
13 木
14 金
15 土
16 日
月
朝礼
本日は混雑が見込まれます…
みなで乗り切りましょう!
ガッ
応《おう》!!
※イメージ

▲お客さんの満足度は高そう

読み間違い②

朝礼
本日出張でメンバー少なめです
うちのチームも
少しイベント入ってます
外の設備の点検に出てます
ザワ…
人手少な…
まあ事務のメンバーだけで対応できるレベルの来客数とは思いますが…
適宜やっていきましょう
ええ…
ズラ――……
開館前の行列

▲ネットの影響強すぎ

静かすぎる正月

水族館の職員はシフト制で、正月もお盆も通常勤務である
連休(大混雑)の死線をくぐりぬけた面構えの違う事務
え！ 今年はたまたま大みそかと元日休み…
12
なんかスゴイ
久しぶりの正月休み！
プシュー
満喫するぞー
⑨でかい駅
めっちゃ店閉まってる…
休み
休み
何したらいいかまったくわからん…
▲初詣終わったら即帰宅

ゴールデンウィーク、お盆、お正月。大型連休は水族館のかきいれどきで、受付や事務などは大わらわである。一方、平日、とくに冬の平日となると、お客さんより大水槽の魚のほうが多いのでは、というくらい閑散としている。毎日働いている者としては、水族館は夏のイメージというのが不思議だ。水＝冷たい、海＝夏といった印象なのだと思うが、冬だってたいていの生きものは元気に過ごしている。それに屋内施設が多いので暖かい。人が少なくてゆったりと見られるので、冬の水族館もおすすめだ。

受付や事務スタッフの仕事がお客さんの増減に影響を受ける一方で、飼育員はといえば、イベントの対応に多少変化はあるものの、基本的にやることはあまり変わらない。繁忙期、開館前に行列の整理の手伝いに行って、「こんな混んでるのによく……お客さん来てくれるなぁ……受付の人頑張ってるなぁ……」と感心するくらいだ。そのくせ自分も、繁忙期に混雑している動物園などに突入していくわけだが。

そして今日も水族館へ

待ちに待った休館日

年に一度の休館日
お客さんがいないときに落水掃除にレイアウト変更に新しい展示方法を…
その前に
いつもの作業を終わらせよう
通常業務終了！これで優勝だ!!!!!!

▲安定の日常

年越しそば

12月31日
今年くらいは年越しそば食べたいなあ
すまん8号水槽掃除しといて対応したあとはカウントダウンイベントのヘルプ行って
わかりました
お…終わりました
おつかれ売店の差し入れあるよ
マジすか！
HAPPY NEW YEAR
やきそば
こういう年越しもアリですね

▲おいしくいただきました

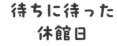

よく質問で「水族館が休みの日って何してるの？」と聞かれた。休館日は年に1回数日間しかない（園館による）。閑散期の冬の平日で、大きな水槽の落水掃除やレイアウトの変更、生体の移動などを行う。といっても通常業務もあって実際にはそこまでたくさんのことはできないのだが。ふだん、薄汚れた格好で台車を引いたまま歩くことは許されない観覧通路を、大手を振って往来できるのはちょっとうれしかった。

入社1年目は、実家に帰らないはじめてのお盆や正月を迎えた。最初はすごく違和感があったが、すぐに慣れ、親に申し訳ないなと思いながら働いていたものだ。そして、元日にも働いている人がいるおかげで、休みを満喫できたんだな、と思うようになった。

水族館の職員はみな、生きものが快適に過ごせるよう、そしてお客さんに何かひとつでも楽しい思い出を持って帰ってもらえるよう、いつも気を配っている（と、思う）。そんな水族館の熱い思いを、ぜひ全身で受け止めに来ていただきたい。

決意

▲水族館の今後にご期待ください

おわりに

先日、元職場の水族館でともに働いていた後輩飼育員の結婚式があり、上司や同期、後輩たちと顔を合わせた。久しぶりの再会であったが、キッカイな空気感は勤務時と変わっていない。むしろ珍奇さに拍車がかかっている飼育員もいて、確実に飼育員マスターへの道を歩んでいるようだった。

水族館に限らず博物館全体にいえることだが、各園館の展示にはコンセプトが詰まっているし、もっと細かいところには担当職員の愛がムチムチに詰まっている。水族館のあり方はつねに変わっているが、この愛は変わることはないだろう。

水族と同様に、飼育員という生きものについても関心をもって見てもらえると、もっと水族館を深く楽しめるのではないかと思う。ただしご本人にバレると威嚇のポーズをとられることもあるかもしれないので、あくまでも遠いところからそっと見守るようお願いします。

最後になりましたが、この本を上梓するにあたって、東口信行氏はじめ専門の立場からチェックを行ってくださった方々、ネットの広大な海から私を釣りあげて連載させてくださった方々、わがままをいろいろと聞いてくださった担当飼育員ならぬ担当編集の方へ、この場を借りて厚くお礼申し上げます。旅行先で必ず水族館に行くのに、たのしくつきあってくれるかぞくのみんなも、どうもありがとう。

参考文献
土居利光「都市環境における動物園及び水族館の意義と役割」『観光科学研究』6号、61〜76頁、2013年
溝井裕一『水族館の文化史——ひと・動物・モノがおりなす魔術的世界』勉誠出版、2018年
ベアント・ブルンナー著、山川純子訳『水族館の歴史——海が室内にやってきた』白水社、2019年
公益社団法人日本動物園水族館協会『改訂版 新・飼育ハンドブック 水族館編』1〜5、2020年

著者略歴

なんかの菌

1983年、海なし県に生まれる。神戸大学大学院にて美術史学を専攻。水族館の採用試験で物好きな館長に採用され、海水魚の飼育員を経て社会教育を担当する。現在は生きもの関係を中心としたイラストなどを請け負っている。ホラーは好きだがお化け屋敷には入れない。

水族館飼育員《すいぞくかんしいくいん》のキッカイな日常《にちじょう》

2023年7月6日　第1刷発行
2024年4月6日　第7刷発行

著者　なんかの菌《きん》
発行者　古屋信吾
発行所　株式会社さくら舎　http://www.sakurasha.com
〒102-0071　東京都千代田区富士見1-2-11
電話（営業）03-5211-6533
電話（編集）03-5211-6480
FAX　03-5211-6481　振替　00190-8-402060
装丁　アルビレオ
DTP　土屋裕子　山中里佳（株式会社ウエイド）
印刷・製本　中央精版印刷株式会社

ISBN978-4-86581-392-0

オマケ

退職後
Yoooo
ニュース
4コマが
ニュースサイトに
載ってしまった…
知らない間に
バシッ
元同僚
おー4コマ
読んでるよｗｗ
さしいれ
あっ
エヘ…
私も
ときどき
元先輩
お恥ずかしい…
初対面の後輩
あっ
菌さんですか?
めっちゃ
SNS
見てます
ホラ
フォロー
してます
HN呼び
マジでやめて

未分類の
小型生物
（液浸）
佃煮にしか
見えない

新人飼育員
vs
脱走王タコ